初學棒針寶典

一看就懂的小物教學&全圖解基礎

織趣樂
一整年

Contents

picture page／How to Make page

01-A 4／5

01-B 8／13

01-C 8／13

02 9／11

03 14／16

04 14／16

05 15／17

06-A 20／26

06-B 21／26

06-C 21／26

07-A 28／30

07-B 28／30

08-A 29／30

08-B 29／30

09 32／33

10.11 36／38

12-A 42／44

12-B 43／47

★本書刊載的所有作品,僅限個人休閒與趣使
用。嚴禁一切複製、模仿的販賣(無論實體店面
或網路)等商業行為用途。

2

13-A 48 / 52

13-B 48 / 52

13-C 48 / 52

14-A 49 / 52

14-B 49 / 52

15 54 / 57

16 55 / 57

17 60 / 62

18 61 / 64

19 66 / 68

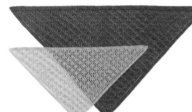
20.21 73 / 75

22.23 78 / 88

24 80 / 90

25 81 / 92

26 83 / 84

27 96 / 100

28-A 97 / 106

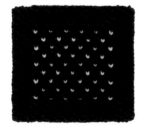
28-B 97 / 106

29 102 / 107

30-A 103 / 104

30-B 103 / 104

STEP 1

只要編織下針就能完成作品
從起伏針開始吧！

01

需要精通的針法僅有一種
歡迎來到編織的樂園！

最初的第一步就從「下針」達人開始吧！
僅需以下針織到邊端，將織片翻面後，同樣再次
由邊端編織下針至邊端。如此重複完成的織片就
是「起伏針」。

設計／大田真子　製作／あらかわちよみ
作法／P.5

01-A

01

Picture on p.4

●素材工具
線材…DARUMA Melange Slub 灰色（6）120g／3球
針具…棒針15號

●完成尺寸
寬20cm、長72cm

●密度
10cm平方的起伏針＝13針·25段

●織法
以手指掛線起針法起26針，編織180段的起伏針。最終段一邊織下針，一邊進行套收針。收針藏線後即完成。

起伏針

→套收針
→180

←175

←65
→60
←55
→50
←45
→40
←35
→30
←25
→20
←15
→10
←5
←①起針

套收針

（起伏針）

72
(180
段)

手指掛線起針
20（26針）起針

26 25   20   15   10   5   1

□＝□ 下針

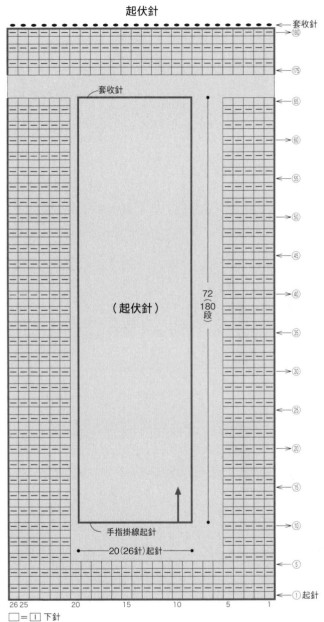

處理收針藏線時
使用的毛線縫針

織線是從線球中心抽出線端使用。

利用喜歡的別針作出重點裝飾！
水牛別針／Triangle & Co.

5

起針的手指掛線起針法

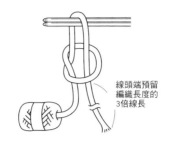

1.如圖穿入2支棒針,拉動線頭端,收緊線環。

線頭端預留
編織長度的
3倍線長

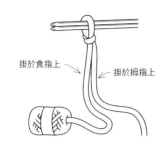

掛於食指上　掛於拇指上

2.完成第1針。

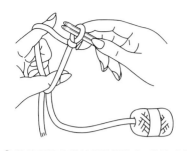

3.將線頭端的織線掛於拇指上,將線球側的織線掛於食指上,並以其餘手指按住織線。

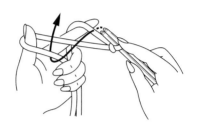

4.依箭頭方向移動棒針,挑拇指上的織線。

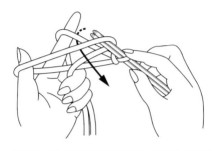

5.挑起食指上的織線引出線圈,在棒針上掛線。

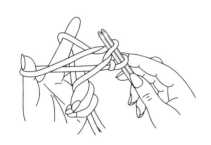

6.鬆開拇指上的織線。

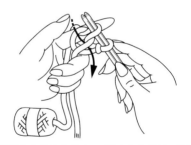

7.拇指依箭頭指示穿入,再次鉤住織線,稍微收緊針目。

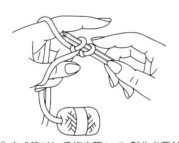

8.完成第2針。重複步驟4~7,製作必要針數。

9.完成指定的起針針數。此即第1段的正面。

編織起伏針

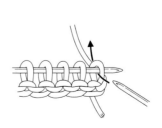

1.第2段是翻到背面編織。抽出1支棒針,依箭頭指示穿入針目。

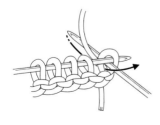

2.棒針掛線後,往內側鉤出織線,再將針目滑出左棒針。

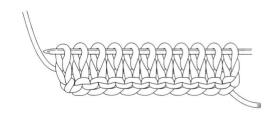

3.直到最後一針都以相同方式穿入棒針,鉤出織線,編織下針。

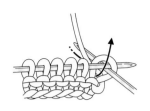 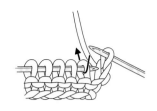 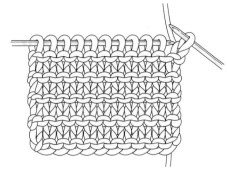

4.第3段。翻回正面,編織與記號相同的下針。

5.重複「棒針穿入針目,鉤出織線,滑出針目移至右針上」。

6.只要一直編織下針就會形成這樣的織片。這就是起伏針。

以套收針固定針目

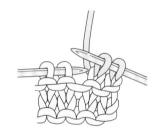 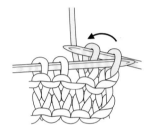 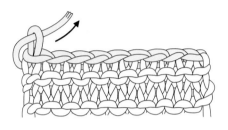

1.在邊端織2針下針。

2.以左棒針尖端挑起第1針,套在第2針上。

3.重複「織1針下針,將前1針套在剛織好的針目上」。線端穿入最後1針後,拉線收緊。

收針藏線 方法1

  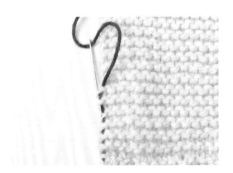

1.將織線穿入毛線針。

2.以挑開邊端針目織線的方式,穿入5至6段。

3.縫針回頭穿入數針。

4.剪斷多餘織線。

5.幾乎看不出來地完成了藏線。

最終定型以蒸汽整燙

將熨斗懸在織片上方,以蒸汽整燙,進行最後的整形。但是也有無法以蒸汽整燙的線材,因此請詳見毛線標籤,加以確認。

毛線標籤說明…P.109

01-B

P.4的作品A與本頁的作品B、C相同大小，但因
為線材不同而呈現出截然不同的風情。只要以多
色編織起伏針，正反兩面就會衍生出豐富變化。
請加上鈕釦與釦環，享受穿搭的樂趣吧！

設計／大田真子　製作／あらかわちよみ
作法／P.13

01-C

鈕釦／la droguerie 池袋店

02

寒冬也能開心穿搭的連帽圍巾
身心都隨之暖和了起來

只要一～直編織下針,就能完成如此可愛的圍
巾!令人忍不住想要自誇的尖帽子,只需解開鈕
釦即可變成長圍巾的優秀設計。兩端的大型絨
球,為大人風增添了可愛氛圍。

設計／原田睦美　製作／あらかわちよみ
作法／P.11

02

連帽圍巾立刻變成長圍巾。透過增添鈕釦與釦環
的巧思，使穿著的變化更加多元有趣。雖然只是
小小的素材，點綴的鈕釦卻成了時尚焦點。

設計／原田睦美　製作／あらかわちよみ
作法／P.11

鈕釦／la droguerie 池袋店

02

Picture on p.9・10

●素材工具
線材…Hamanaka Sonomono《超極太》 原色(11)
430g／11球
針具…棒針15號、鉤針9/0號
其他…Clover 超級毛線球編織器85mm

●完成尺寸
寬22cm、長188cm

●密度
10cm平方的起伏針=12針・23段

●織法
手指掛線起針法起26針。編織392段的起伏針。收針段一邊編織下針,一邊進行套收針。在6處接線鉤織鎖針的鈕環,圍巾兩端先縮縫,再接縫絨球。

（原寸織線）

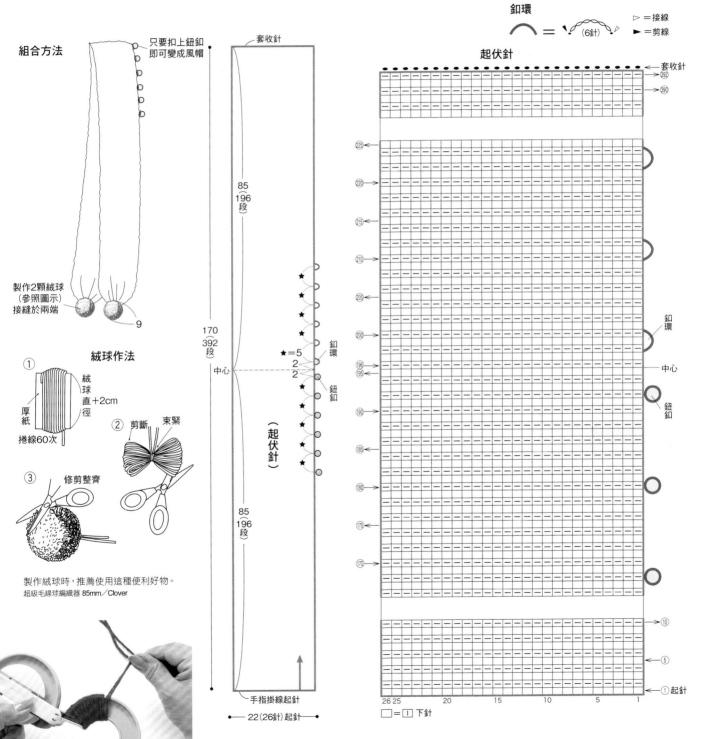

組合方法

只要扣上鈕釦
即可變成風帽

製作2顆絨球
(參照圖示)
接縫於兩端

9

絨球作法

① 厚紙
捲線60次
絨球直徑+2cm

② 剪斷 束緊

③ 修剪整齊

製作絨球時,推薦使用這種便利好物。
超級毛線球編織器 85mm／Clover

套收針

85
(196段)

170
(392段)

中心

(起伏針)

85
(196段)

手指掛線起針

←22(26針)起針→

★=5
2
2

鈕環

鈕釦

鈕環
= （6針）
▷=接線
►=剪線

起伏針

套收針
392
390

225
220
215
210
205
200
196
195
190
185
180
175
170

鈕環

中心

鈕釦

10
5
1 起針

26 25   20   15   10   5   1

□=□ 下針

11

在兩端接縫絨球

1.預留線段,將線端穿入毛線針,進行粗縫。

2.縫至邊端。

3.拉線縮縫後,進行收針藏線。

4.製作好的絨球,將中央的綁繩(取2條線)預留接縫線段。

5.若有2支毛線針,可分別穿入線端。沒有2支針也沒關係。

6.交錯穿入縫線。

7.打結2~3次。

8.將餘下縫線不留痕跡地藏入針目中。

接線鉤織釦環的方法

1.於織片的指定位置穿入鉤針,並於鉤針上掛線。

2.鉤出織線。

3.鉤針掛線引拔。

4.鉤織指定針數的鎖針。

5.於織片另一處指定位置穿入鉤針,掛線引拔。

6.將掛在鉤針上的線圈拉大。

7.預留8cm的織線,剪斷。

8.織線穿入線圈,拉線收緊後進行藏線。

收針藏線 方法2

1.織線穿入毛線針。以挑開針目織線的方式,橫向穿入織片中。

2.縫針回頭穿入數針,剪線。

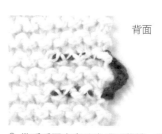
背面
3.幾乎看不出來地完成了藏線。若為配色編織的情況,建議於同色處進行藏線。

正面
4.P.7為縱向的藏線處理。縱向或橫向都可以,配合情況進行收針藏線吧!

01-B

Picture on p.8

●素材工具
材…Hamanaka Paquet 杏色×黑色（8）180g／2絞紗
針具…棒針15號、鉤針9/0號
其他…la droguerie 長25mm的鈕釦3顆
●完成尺寸
寬20cm、長72cm

●密度
10cm平方的起伏針＝13針・25段
●織法
手指掛線起針法起26針。編織180段的起伏針。收針段一邊編織下針，一邊進行套收針。再以鉤針接線鉤織釦環與鈕釦，收針藏線後即完成作品。
將絞紗捲成線球…P.74

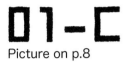

01-C

Picture on p.8

●素材工具
線材…DARUMA Melange Slub 黃綠色（4）・海軍藍（5）各70g／各2球
針具…棒針15號、鉤針9/0號
其他…la droguerie 直徑14mm的鈕釦5顆
●完成尺寸
寬20cm、長72cm

●密度
10cm平方的起伏針＝13針・25段
●織法
手指掛線起針法起26針。一邊換色一邊編織180段的起伏針。收針段進行下針的套收針。將換色織線如條紋般出現的上針側作為正面使用，再以鉤針接線鉤織釦環與鈕釦，收針藏線後即完成作品。

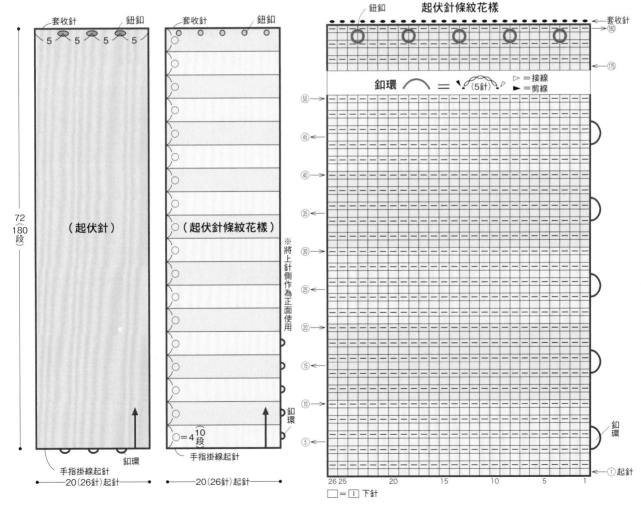

03.04

我也能編織的時尚手袋
轉眼之間即可完成

如同麵條一樣扁平的超極太Jumbo線材，就能出乎意料地快速編織完成。配合元氣十足的維他命色彩，精心挑選提把與鈕釦。只要多作幾款，一年四季都能帶著走。

設計／大田真子
製作／3あらかわちよみ、4田野準子
作法／P.16

提把、鈕釦／la droguerie 池袋店、罩衫／REAC

03

04

05

外出包也是親自手作
只要筆直編織就能完成

雖是與前頁作品相同的扁平狀織線，但是卻風格
一變，展現高雅品味的色調。看似完成度很高的
手工包，然而實際上僅需直線編織即可完成。就
連口金的組裝方式也相當簡單。

設計／大田真子　製作／あらかわちよみ
作法／P.17

糖果珠口金／Joint（ソウヒロ）、裙子／REAC

03

Picture on p.14

●素材工具
線材…DMC　Hoooked RIBBON XL　葡萄口香糖色（27）240g／1球
針具…棒針15號、鉤針9/0號
其他…la droguerie　寬0.8cm×長40cm提把（1009042）　紅色（03）、粉紅色（08）各1條、直徑50mm鈕釦1顆、直徑16mm單圈　金色2個
●完成尺寸
寬25cm、長16cm
●密度
10cm平方的起伏針＝13針・21段
●織法
手指掛線起針法起32針。編織84段的起伏針。收針段一邊織下針，一邊進行套收針。兩側脇邊挑針綴縫後，收針藏線。接縫提把、釦環與鈕釦，完成作品。

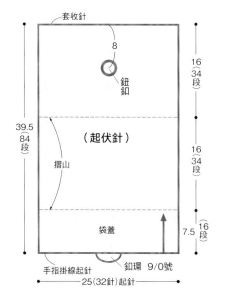

套收針
8
鈕釦
16（34段）
16（34段）
39.5（84段）
（起伏針）
摺山
7.5（16段）
袋蓋
手指掛線起針
釦環　9/0號
25（32針）起針

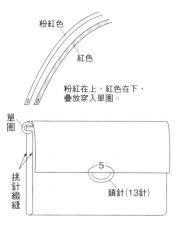

粉紅色
紅色
粉紅在上，紅色在下，疊放穿入單圈。
單圈
挑針綴縫
5
鎖針（13針）

04

Picture on p.14

●素材工具
線材…DMC　Hoooked RIBBON XL　檸檬黃（35）310g／2球
針具…棒針15號、鉤針9/0號
其他…la droguerie　寬0.8cm×長40cm提把（1009042）　黃色（05）、焦糖色（04）各1條、直徑50mm鈕釦1顆、直徑16mm單圈　金色2個
●完成尺寸
寬25cm、長25cm
●密度
10cm平方的起伏針＝13針・21段
●織法
手指掛線起針法起32針。編織104段的起伏針。收針段一邊織下針，一邊進行套收針。兩側脇邊挑針綴縫後，收針藏線。接縫提把、釦環與鈕釦，完成作品。

起伏針的挑針綴縫…P.63

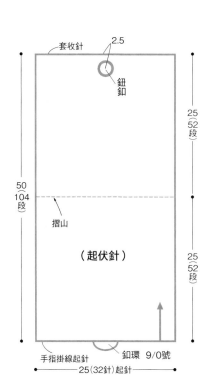

套收針
2.5
鈕釦
25（52段）
50（104段）
摺山
（起伏針）
25（52段）
手指掛線起針
釦環　9/0號
25（32針）起針

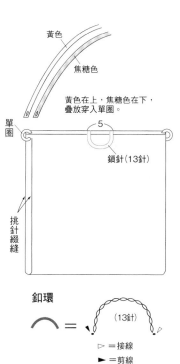

黃色
焦糖色
黃色在上，焦糖色在下，疊放穿入單圈。
單圈
挑針綴縫
5
鎖針（13針）

釦環

(13針)
▷ ＝接線
► ＝剪線

粗線專用的毛線針尖端為彎曲狀，使用上較容易。
超極太毛線針／Clover

05

Picture on p.15

●素材工具

線材⋯DMC Hoooked RIBBON XL 淺亞麻(33) 240g／1球、煙草棕(39) 210g／1球

針具⋯棒針15號、10號(雙頭棒針)

其他⋯Jointソウヒロ 寬22.5cm梅檀木珠口金1組、直徑12mm單圈2個、袋物用芯襯 6cm×27cm

●完成尺寸

寬27.5cm、長22cm

●密度

10cm平方的起伏針＝13針·21段

●織法

手指掛線起針法以煙草棕起44針。編織20段的起伏針後，改換淺亞麻織32段，全部共編織52段。接著參照P.25的步驟圖解，一邊織下針一邊進行4針的套收針，再編織至邊端。將織片翻面，同樣進行4針的套收針，再編織至邊端。起伏針的位置雖然會錯開1段，卻可以不必剪線繼續編織。收針段織下針的套收針。兩側脇邊挑針綴縫。參照織圖編織提帶，接縫口金。袋底兩端縫出6cm的側幅，將邊角往上摺疊，縫合固定。只要放入墊板之類的塑膠底板，即可使袋底更加穩固。

提帶織法⋯P.19

在手指掛線起針的針目上挑針⋯P.62

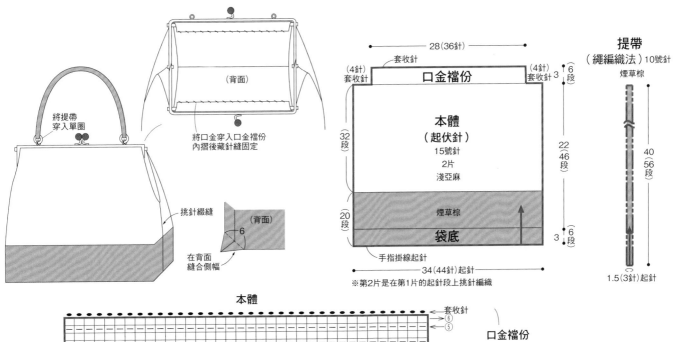

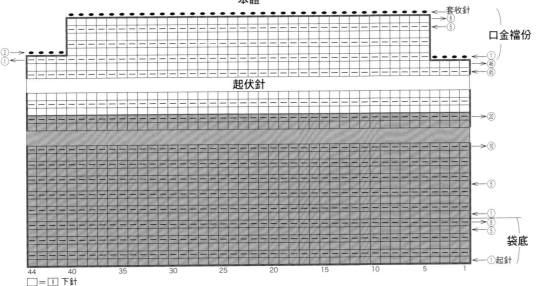

側幅往上摺疊，
縫合固定。

□＝|下針

零星餘線也能化身可愛飾品
環保手作的元祖！

祖母那一輩的年代，會將織好的舊毛衣拆掉再重新
編織，是個相較於現代更加珍惜毛線的時代。因此
編織可以說是一直走在環保的最前端。將餘線織
成線繩，縫上喜歡的鈕釦製成手環，請多加珍惜利
用零星線材，別輕易丟棄吧！

使用線材／Puppy MINI SPORT
設計／今泉史子

鈕釦／la droguerie 京都北山店

棒針的繩編

1.使用雙頭棒針。盡量選用短棒針比較容易操作。

往右移動

2.手指掛線起針法起3針,直接將針目推至棒針右端。

3.另取棒針穿入移至右端的針目。

雙頭棒針只要加裝棒針套,即可作為2本針活用。
棒針棒針套／Clover

4.鉤出織線,編織下針。

往右移動

5.1段織3針後,同樣推至右端。

6.重複步驟4～5,偶爾用力往下拉,整理織片。

7.選用比適當針號稍小的棒針,會織得更加牢固,形成緊實的線繩。

手環作法

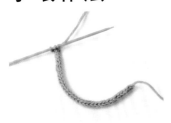

1.編織約手腕圍一圈長度的線繩。

2.將最後3針改掛在鉤針上,掛線一次引拔(提帶的收針也以相同方式處理)。

3.接著,鉤織約鈕釦大小的鎖針數。

4.鉤針穿入鎖針的起始針目(第1針)。

5.掛線引拔。

6.將掛在針上的線圈拉大後,剪線。

7.將線頭穿入線圈,拉線收緊。

8.將織線穿入織片,進行藏線。最後以起針處預留的織線接縫鈕釦即完成。

06-A

STEP 2

下針＋上針就ＯＫ
平面針是玩色高手

06-C

06-B

06

平面針是必學基本織法
先以圍巾為目標展開編織攻略吧!

下針再加上「上針」。沒錯,只要能夠學會上針,
即可說是掌握了平面針。織片正面看到的是平面
針,織片背面呈現的則稱為上針的平面針。

設計／大田真子　製作／廣島和代
織法／P.26

21

平面針

為下針並排的織片，是棒針編織經常使用的織法。
在正面的織段編織下針，翻至背面的織段則是編織上針。具有織片邊端會捲起的特性。

記號圖

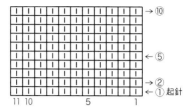

實際編織時……

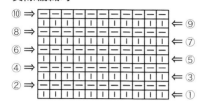

1.手指掛線起針法起11針。

第2段（背面編織的織段）

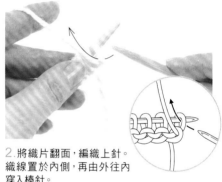

2.將織片翻面，編織上針。
織線置於內側，再由外往內
穿入棒針。

3.右針掛線。

4.鉤出掛線，將針目滑出左
棒針。

5.上針編織完成。接下來以
同樣方式編織上針。

6.織好4針的模樣，繼續編織。

7.第2段編織完成。

第3段（正面編織的織段）

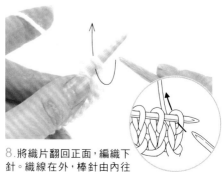

8.將織片翻回正面，編織下
針。織線在外，棒針由內往
外穿入。

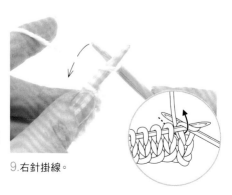

9.右針掛線。

10.鉤出掛線，將針目滑出
左棒針。

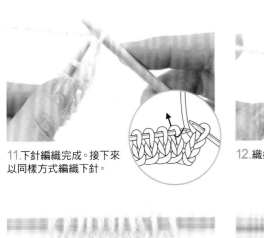

11.下針編織完成。接下來以同樣方式編織下針。

12.織好4針的模樣。

13.第3段編織完成。

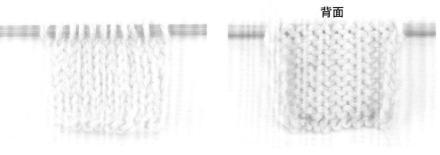

背面

14.編織至第10段。

編織時是由右往左

編織時,一直都是由右往左,由下往上進行編織。每織完1段就要將織片翻面,以交替看著正反面的方式進行編織。

平面針與上針的平面針

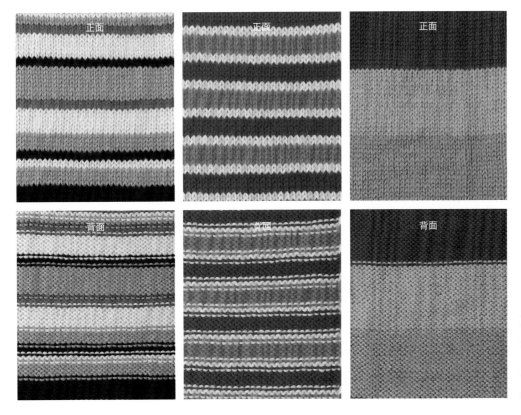

正面　正面　正面

背面　背面　背面

這兩者其實就是正反一體。使用正面時,就是「平面針」。使用背面時,就是「上針的平面針」。與起伏針相同,換色織成條紋花樣時,上針平面針的顯色方式具有平面針所沒有的樂趣。

條紋花樣的換線與收針藏線

此為使用複數色彩表現圖案的技巧。
由於基本織法為平面針，因此只要熟悉處理織線的手法，操作就很簡單。

細條紋

編織細條紋時不剪線，一邊往
上渡線一邊編織。

第3段
（正面編織的織段）

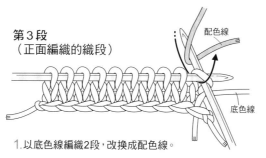

配色線

底色線

1.以底色線編織2段，改換成配色線。

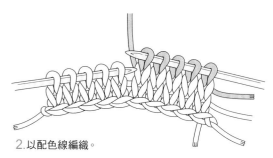

2.以配色線編織。

第4段
（背面編織的織段）

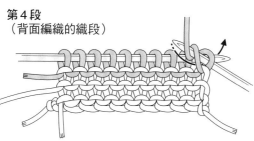

3.將織片翻至背面，編織上針。

第5段
（正面編織的織段）

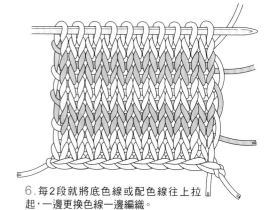

4.往上拉起先前休針的底色線（接
下來編織的織線一直在內側）。

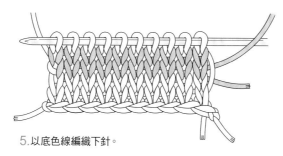

5.以底色線編織下針。

6.每2段就將底色線或配色線往上拉
起，一邊更換色線一邊編織。

粗條紋

編織每10段左右換色的粗條紋時，每次更換色線時都要剪線編織。

收針藏線

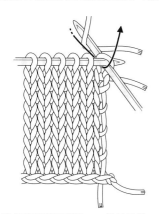

1.織好的部分預留約8cm織線後剪
斷，改接配色線。

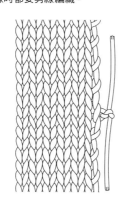

2.編織2～3針後，將邊端處的線頭
輕輕打結，再繼續編織。

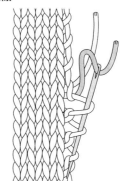

3.解開單結，底色線線頭在織片
邊端朝下穿入5～6段，剪斷多餘織
線。

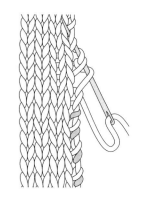

4.配色線則朝上進行收針藏線。

套收針

織完所需段數後，直接使用棒針與織線，一邊編織一邊收針的方法。

由於是無伸縮彈性的織法，且織片寬幅會被固定，因此編織時，請時時注意避免針目歪斜或鬆弛。

下針套收

1.編織2針下針。

覆蓋套上

2.以左棒針尖端挑起右側針目，套在左側針目上。

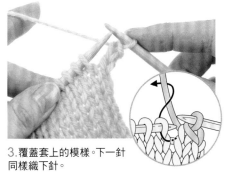

3.覆蓋套上的模樣。下一針同樣織下針。

4.將右側針目套在左側針目上。重複「織1針下針，覆蓋套上前1針」。

5.最後，將剪斷的線頭穿入右棒針的針目中，拉緊。

挑針綴縫

平面針

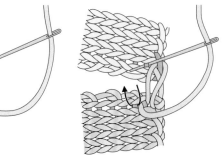

1.以起針預留的織線穿入毛線針，挑縫上、下兩織片。

2.交互挑縫各段邊端第1針與第2針之間的渡線，拉緊縫線。

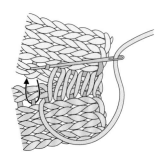

3.重複「挑縫渡線後拉緊」。縫線需拉至看不見為止。

上針的平面針

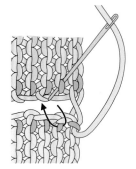

1.以起針預留的織線穿入毛線針，挑縫上、下兩織片。

2.交互挑縫各段邊端第1針與第2針之間的渡線，拉緊縫線。

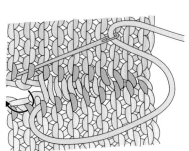

3.重複「挑縫渡線後拉緊」。縫線需拉至看不見為止。

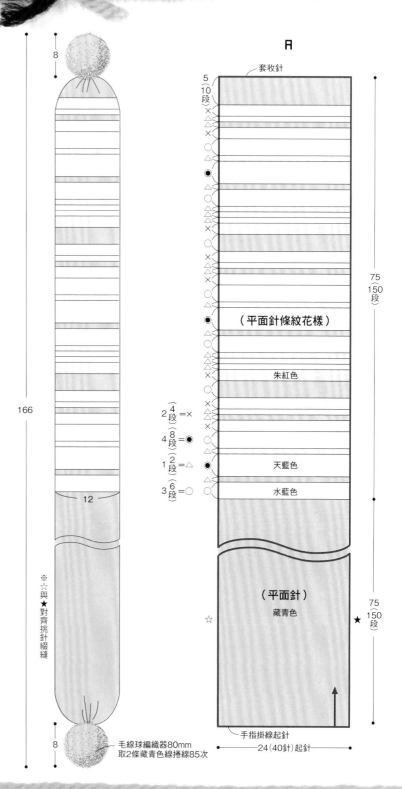

正面

背面

06

Picture on p.20・21

●素材工具

A：線材…Puppy　MINI SPORT　藏青色（429）
170g／4球、天藍色（679）35g／1球、水藍色
（722）30g、朱紅色（724）10g／各1球

B：線材…Puppy　MINI SPORT　紅色（638）
130g／3球、淺粉紅（716）・粉紅色（708）各65g
／各2球

C：線材…Puppy　MINI SPORT　藍色（707）
120g／3球、土耳其藍（712）75g／2球、芥末黃
（725）65g／2球

針具…棒針10號

其他…Clover　毛線球編織器80mm

●完成尺寸

寬12cm、長166cm

●密度

10cm平方的平面針＝16針・20段

●織法

手指掛線起針法起40針。分別依指定顏色編織
平面針。收針段進行下針套收。織片兩側相接進
行挑針綴縫，作成筒狀。由於B是以背面當作正
面使用，因此進行上針平面針的挑針綴縫。將指
定顏色的絨球接縫於兩端，收針藏線後即完成。

接縫絨球的方法…P.12

從特大到小型皆備的毛線球編織器4入組
毛線球編織器／Clover

※ ☆與★對齊挑針綴縫

8

166

12

8

毛線球編織器80mm
取2條藏青色線捲線85次

A

套收針

5
10
段

（平面針條紋花樣）

朱紅色

2 ⌈4⌉ 段 ＝×
　⌊2⌋

4 ⌈8⌉ 段 ＝◉
　⌊4⌋

1 ⌈2⌉ 段 ＝△

3 ⌈6⌉ 段 ＝○

天藍色

水藍色

75
150
段

☆ （平面針） ★
藏青色

75
150
段

手指掛線起針
24（40針）起針

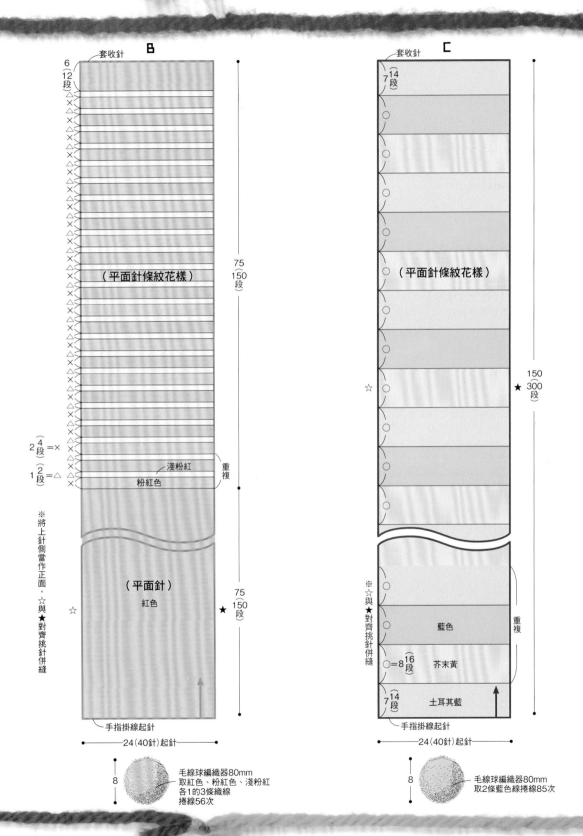

B

套收針

6(12段)

2(4段)=×
1(2段)=△

（平面針條紋花樣）

淺粉紅

粉紅色

重複

75(150段)

※將上針側當作正面，☆與★對齊挑針併縫

☆

（平面針）

紅色

★

75(150段)

手指掛線起針

◀────24(40針)起針────▶

8

毛線球編織器80mm
取紅色、粉紅色、淺粉紅
各1的3條織線
捲線56次

C

套收針

7(14段)

（平面針條紋花樣）

☆

150(300段)

★

重複

※☆與★對齊挑針併縫

藍色

○=8(16段) 芥末黃

7(14段) 土耳其藍

手指掛線起針

◀────24(40針)起針────▶

8

毛線球編織器80mm
取2條藍色線捲線85次

正面

背面

正面

背面

07

結合起伏針
打造時尚有型的方形提袋

從起伏針往前邁出一步吧！簡單的方形包款靈活
運用了起伏針與平面針織片各自的優點。帶著丹
寧風的色彩是永遠的流行色。

設計／野口智子　製作／池上 舞
織法／P.30

07-B

07-A

罩衫／REAC

08

單 線 不 如 雙 線
色 與 色 之 間 的 連 結 變 化
讓 編 織 更 加 有 趣

尺寸與前頁作品相同。但是兩款皆是「取2條織
線」進行編織,藉由顏色的組合變化,產生截然
不同的氛圍。透過奇妙的色彩相加,譜出意料之
外的優美協奏曲。

設計／野口智子　製作／池上 舞
織法／P.30

08-A

08-B

07

Picture on p.28

●素材工具
A：線材…DMC　Natura Denim　藏青色（07）
230g／5球
B：線材…DMC　Natura Denim　鐵灰色（02）
170g／4球、混灰色（12）65g／2球
針具…棒針10號、鉤針8/0號

●完成尺寸
寬28cm、高28cm

●密度
10cm平方的起伏針＝14針・28段、平面針＝14
針・20段

●織法
皆取2條織線進行編織。手指掛線起針法開始，
以平面針進行編織。至第8段時，以別線編織提
把口的14針，接著依序編織平面針與起伏針。另
一側的提把口同樣織入別線。收針段織套收針，
兩側脇邊按照合印記號對齊，挑針綴縫，解開提
把口的別線，進行鉤針的引拔收縫。

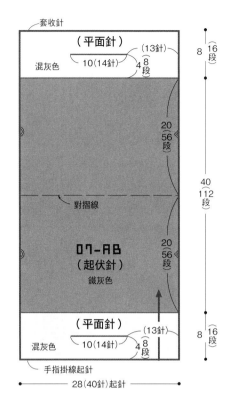

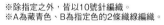

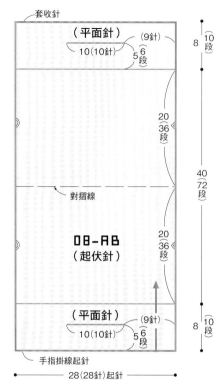

※除指定之外，皆以10號針編織。
※A為藏青色、B為指定色的2條織線編織。

※除指定之外，皆以7mm針編織。
※皆取2條織線編織。

08

Picture on p.29

●素材工具
A：線材…DMC　Natura XL　淺青綠（07）・淺黃
色（91）　各155g／各2球
針具…棒針7mm、鉤針7mm
B：線材…DMC　Natura XL　紅色（05）・深粉紅
色（43）　各155g／各2球

●完成尺寸
寬28cm、高28cm

●密度
10cm平方的起伏針＝10針・18段、平面針＝10
針・12段

●織法
皆取2條織線進行編織。手指掛線起針法開始，
以平面針進行編織。至第6段時，以別線編織提
把口的10針，接著依序編織平面針與起伏針。另
一側的提把口同樣織入別線。收針段織套收針，
兩側脇邊按照合印記號對齊，挑針綴縫，解開提
把口的別線，進行鉤針的引拔收縫。

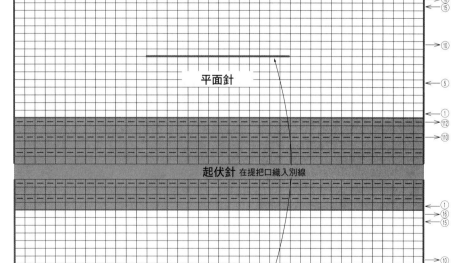

□＝□ 下針

織入別線的提把口的引拔收縫

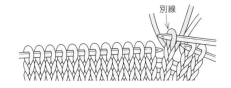

1.在於提把口處接上別線，編織指定針數（圖為11針）。

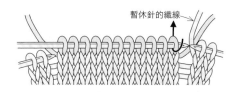

2.返回原來的位置，以暫休針的織線編織別線的針目。

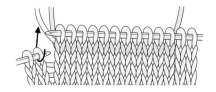

3.提把口針目織完後，依原樣繼續編織。此段變成多織1段。

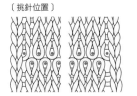

4.完成提袋本體的編織後，一邊解開別線，一邊以棒針挑針。

5.上下針目分別穿入棒針。

6.鉤針如圖示穿入邊端針目中，掛線。

7.鉤出織線。

8.鉤針依箭頭指示穿入下一針。

9.掛線引拔。

10.依相同方式引拔每1針。

11.以相同方式引拔提把口的上側。

12.引拔全部針目後，先將線圈拉大再剪線。

13.將線頭穿入毛線針，如圖示挑縫起點針目的2條線。

14.縫針穿回終點針目的中央。

15.於背面側進行收針藏線，完成作品。

09

運用加針或減針隨心所欲地創造形狀
首先就由減針開始嘗試吧！

利用三角形與四角形的組合，創作出日式風格的
肩背包。為了製作出漂亮的三角形，因此在兩端
進行減針。在背面進行編織時，減針方式會有所
不同，這點請多加留意！

設計／風工房
織法／P.33

09

Picture on p.32

●素材工具
線材…DMC　Natura Denim　灰與原色的混色（132）
150g／3球、鐵灰色（02）75g／2球
針具…棒針5號
●完成尺寸
寬45.5cm、高23cm
●密度
10cm平方的平面針＝19針‧26段

●織法
本體‧背帶：手指掛線起針法開始，以平面針進行編織。邊端的第3針與第4針作2併針，進行減針。收針段織套收針。袋身‧背帶：在指定位置挑縫，編織平面針。收針段是看著背面織下針的套收針。合印記號○對齊進行平針併縫，合印記號■進行挑針綴縫。背帶交疊縫合即完成。

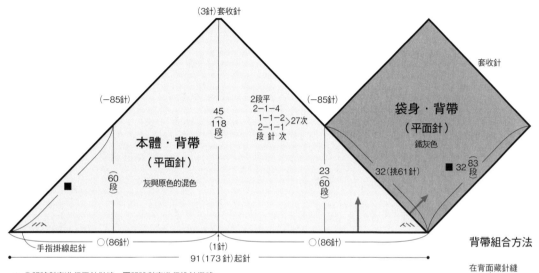

（3針）套收針

（−85針）

2段平
2-1-4
1-1-2 ｝27次
2-1-1
段 針 次

（−85針）

本體‧背帶
（平面針）
灰與原色的混色

45
118
段

60
段

23
60
段

■

手指掛線起針　○（86針）　　（1針）起針　　○（86針）

91（173針）起針

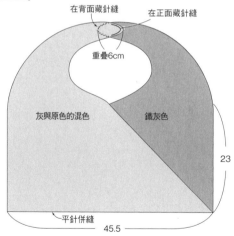

套收針

袋身‧背帶
（平面針）
鐵灰色

32（挑61針）　　■32　83段

※　○記號對齊進行平針併縫，■記號對齊進行挑針綴縫。

背帶組合方法

在背面藏針縫　　在正面藏針縫

重疊6cm

灰與原色的混色　　鐵灰色

23

平針併縫

45.5

平針併縫　兩者皆為套收針時

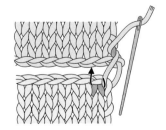

1.從無縫線織片的背面入針挑縫邊端針目，再回到上方織片挑縫邊端針目，接著依箭頭挑縫下方針目。

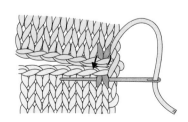

2.縫針如圖穿入下方針目，再依箭頭指示挑縫上方針目。

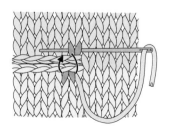

3.重複「下挑八字形，上挑V字形」。

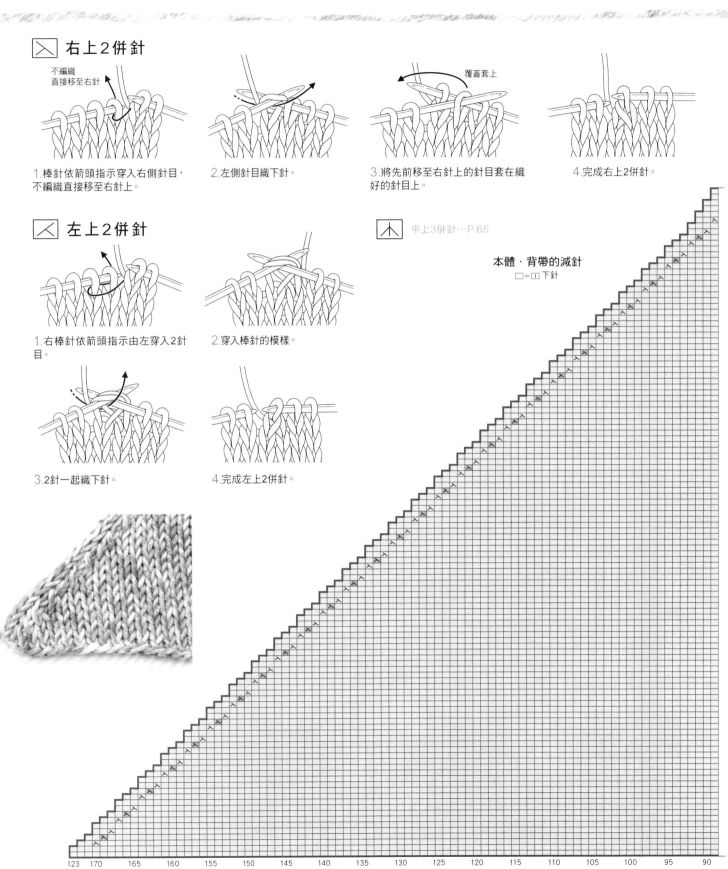

⧄ 右上2併針

不編織
直接移至右針

1.棒針依箭頭指示穿入右側針目，不編織直接移至右針上。

2.左側針目織下針。

覆蓋套上

3.將先前移至右針上的針目套在織好的針目上。

4.完成右上2併針。

⧅ 左上2併針

1.右棒針依箭頭指示由左穿入2針目。

2.穿入棒針的模樣。

3.2針一起織下針。

4.完成左上2併針。

⋀ 中上3併針…P.65

本體・背帶的減針
□ = ⊥ 下針

123 170 165 160 155 150 145 140 135 130 125 120 115 110 105 100 95 90

34

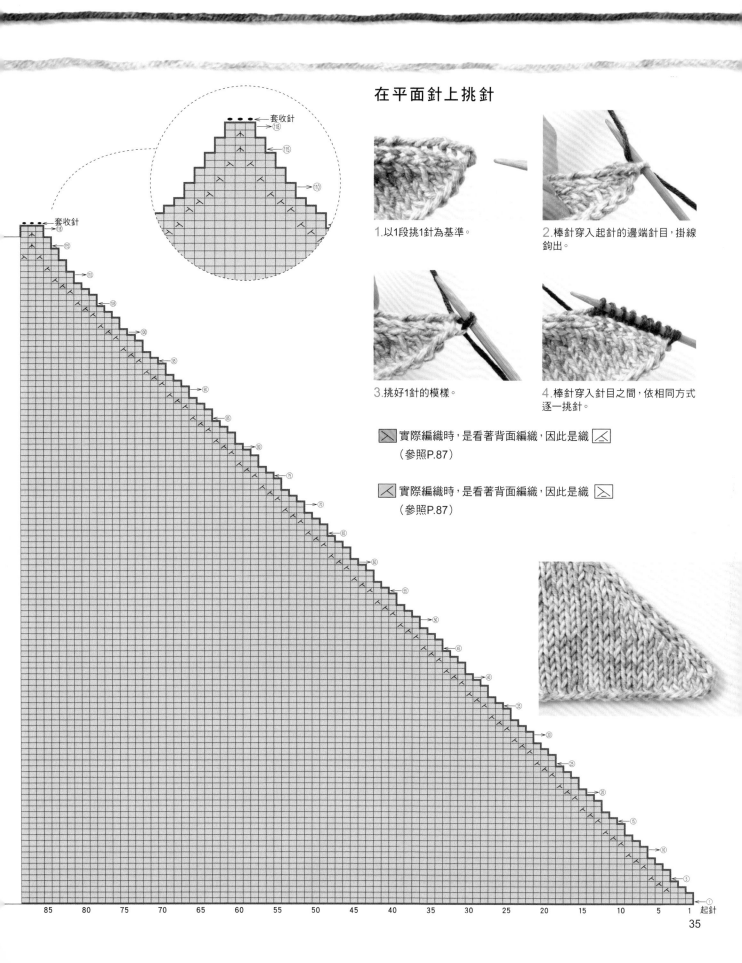

在平面針上挑針

1.以1段挑1針為基準。

2.棒針穿入起針的邊端針目,掛線鉤出。

3.挑好1針的模樣。

4.棒針穿入針目之間,依相同方式逐一挑針。

實際編織時,是看著背面編織,因此是織 ☒
（參照P.87）

實際編織時,是看著背面編織,因此是織 ☒
（參照P.87）

套收針

STEP 3

巧妙活用伸縮特性
鬆緊編不挑尺寸

10-A

10-B

11-A

10

**男女老少通用！
我和男友都愛不釋手的髮飾**

只要組合下針與上針，即可織出具有伸縮彈性的
鬆緊編。加長鬆緊編的部分，能讓髮帶打結的變
化更加豐富。選用100％純棉的材質，一年四季
都適用。

11

**毛海的柔軟觸感魅力無法擋
天氣轉冷之際就改用冬季款吧！**

與作品10相同的針數與段數，連尺寸也一樣，不
過卻是冬季款。100％純羊毛的織線再加上纖
細的毛海，使成品更加暖和舒適。在脖子上繞一
圈，作為迷你圍巾也相當有型。

設計／野口智子
織法／P.38

10.11
Picture on p.36·37

●素材工具

10-A·10-B：線材…DMC Natura Denim
色名、色號、使用量請參照表格

11-A：線材…Puppy Puppy New 4PLY 藏青色（421）35g／1球、Kid Mohair Fine 藏青色（38）15g／1球

11-B：線材…Puppy Puppy New 4PLY 杏灰色（463）35g／1球、Kid Mohair Fine 暗橘色（60）15g／1球

針具…棒針5號

●完成尺寸
寬7cm、長136cm

●密度
10cm平方的2針鬆緊編＝23.5針·24段、桂花針＝20針·34段

●織法
作品**10**取1條織線，**11**取2條織線進行編織。手指掛線起針法開始，編織2針鬆緊編與桂花針。收針段下針織下針的套收針，上針織上針的套收針。最後於髮帶中心纏繞織線，打結綁緊即完成。

使用線材

	10-A 色名（色號）	10-B 色名（色號）	使用量
a色	鐵灰色（02）	灰與原色的混色（132）	各50g／各1球
b色	藏青色（07）	淺褐與原色的混色（136）	各35g／各1球

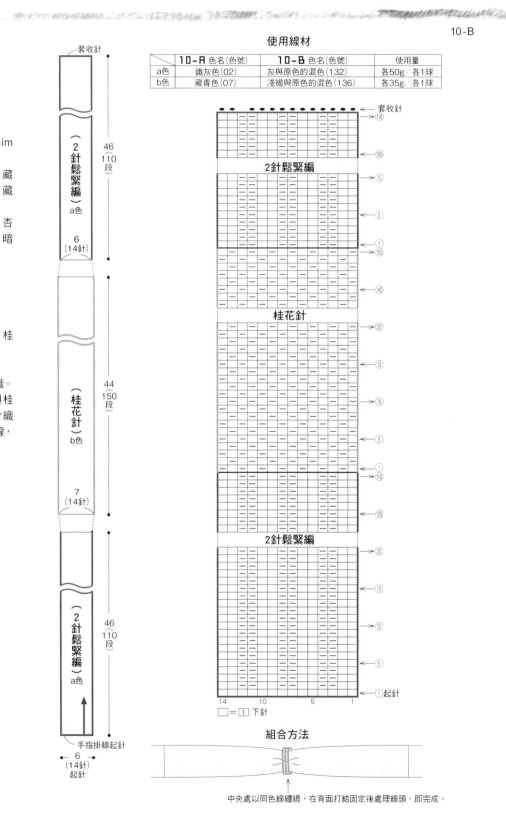

□＝□ 下針

組合方法

中央處以同色線纏繞，在背面打結固定後處理線頭，即完成。

2針鬆緊編

不斷交替編織下針與上針,具有伸縮性的織片。
每2針交替編織即為2針鬆緊編,1針就交替編織則稱為1針鬆緊編。

記號圖　　　　　　　　　　　實際編織時……

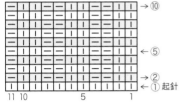

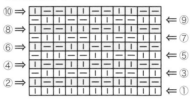

桂花針

無論是針目還是織段皆規律地交替編織下針與上針。分別有1針1段的桂花針,以及2針2段的桂花針等織法。是表面具有凹凸立體感的織片。

記號圖　　　　　　　　　　　實際編織時……

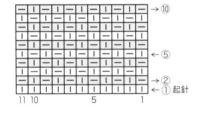

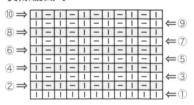

2針鬆緊編的套收針

1.織1針下針。

2.再織1針下針。

3.以左棒針尖端挑起右側針目,套在左側針目上。

4.套上去的模樣。

5.織上針,以右側針目套上。

6.以前段針目為準,下針織下針套收,上針織上針套收針。

7.最後將織線穿入線圈,剪斷織線。

8.輕拉織線收緊固定,再進行藏線。

織出相同的尺寸

作品10為100%純棉的全年通用款。作品11則是適合秋冬的羊毛款，藉由添加細緻柔軟的毛海，再按照10編織相同的針數與段數，即可織出相同大小的成品。像這樣透過添加1條織線，或改換棒針針號，就能製作出相同的尺寸。

關於密度…P.108

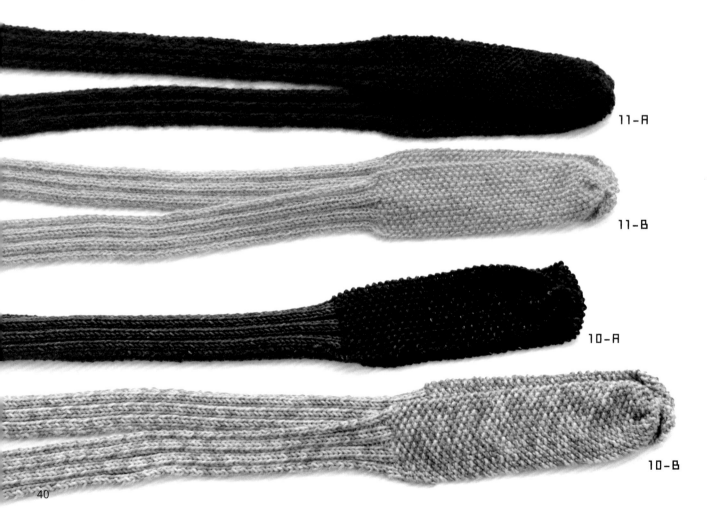

11-A

11-B

10-A

10-B

改變尺寸

P.72與P.73介紹的三角披肩,雖然織法相同,但是由於線材粗細或材質的不同,營造出氛圍截然不同的作品。想要改變服裝類尺寸或許還有些困難,但若是披肩或圍巾之類的配件,從大型尺寸到迷你尺寸皆可嘗試依自己喜歡的大小來製作。這也正是編織才有的樂趣。

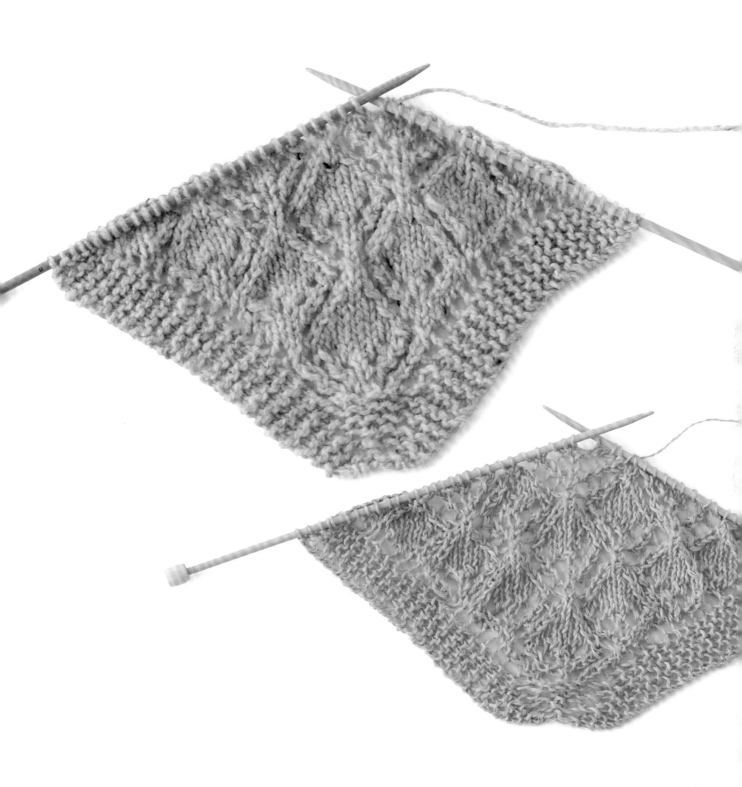

12-A M Size

12-A

大幅提高作品精緻度
僅需數段的鬆緊編

乍看之下是件平面針的裙子，但隱藏其中的主角
卻是起編處的鬆緊編！只要在最初編織少少數段
的鬆緊編，即可解決平面針邊緣的捲曲問題。果
然是細節決定成敗！

設計／大田真子　製作／田野準子
織法／P.44

12-B

增加針數或段數
正是加大尺寸的正統作法

整整大上一圈的L號，從M號的丹寧色調轉變成穩重的茶色系。如果想要加大尺寸，不妨增加編織的針數或段數。這是棒針編織的基本技巧，偶爾也重新回顧一下吧！

設計／大田真子　製作／田野準子
織法／P.47

12-B L Size

12-A

(M size)

Picture on p.42

●素材工具
線材…Hamanaka Men's Club MASTER 淺藍色
（66）360g／8球、深藍色（62）40g／1球
針具…棒針10號、8號（雙頭棒針）
其他…寬40mm的鬆緊帶72cm

●完成尺寸
腰圍90cm、裙長57.5cm

●密度
10cm平方的平面針＝15針・21段

●織法
手指掛線起針法起102針，接著編織3段2針鬆緊編。
由於起針算作第1段，因此這時已織好4段。之後，每隔
6段的邊端第2針織2併針，進行減針。腰帶部分改換
深藍色線編織18段，最後織套收針。兩脇邊進行挑針
綴縫。腰帶部分往背面對摺，一邊夾入鬆緊帶，一邊
進行藏針縫；於指定位置接縫腰裡帶，穿入綁帶。

綁帶織法…P.19

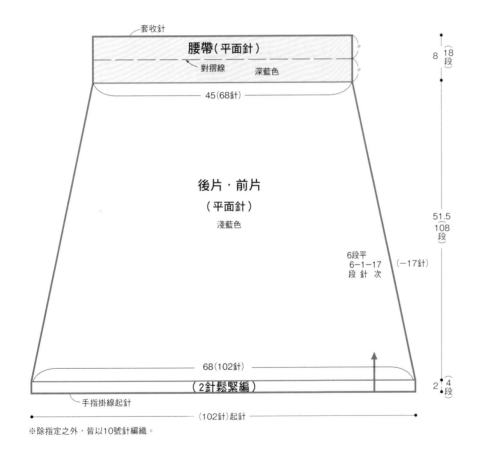

套收針

腰帶（平面針）

對摺線　　深藍色

45（68針）

後片・前片

（平面針）

淺藍色

6段平
6-1-17
段針次

（-17針）

68（102針）

（2針鬆緊編）

手指掛線起針

（102針）起針

※除指定之外，皆以10號針編織。

8 {18段}

51.5
108
段

2 {4段}

腰裡帶

（平面針）

8號針 深藍色 4片

套收針

5 {10段}

手指掛線起針

2
（4針）起針

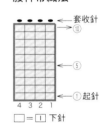

腰裡帶織法

套收針
⑩

⑤

①起針

4 3 2 1

□＝□ 下針

綁帶

（繩編織法）8號針

深藍色

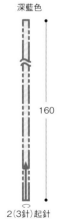

160

2（3針）起針

組合方法

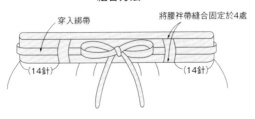

穿入綁帶　　將腰裡帶縫合固定於4處

（14針）　　　　　　　（14針）

44

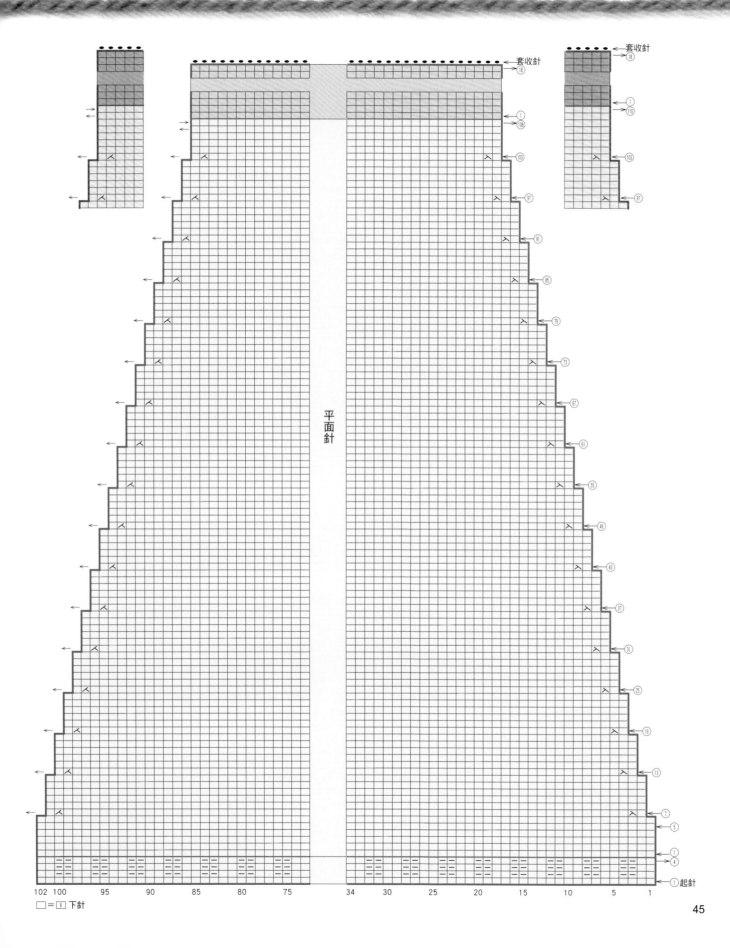

套收針

套收針

平面針

起針

102 100　95　90　85　80　75　34　30　25　20　15　10　5　1

□＝□ 下針

45

邊端內側減1針 （下針時）

右側

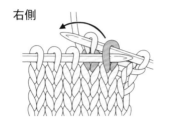
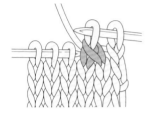

1.邊端織1針下針，第2針與第3針織右上2併針。

2.完成右側的減針。

左側

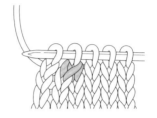

1.左側的倒數第2針與第3針織左上2併針。

2.最後的邊端針目織下針，完成左側的減針。

2針鬆緊編的挑針綴縫

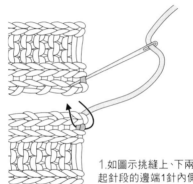
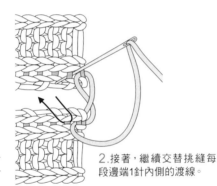
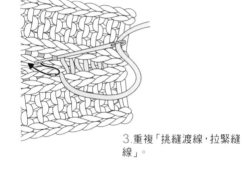

1.如圖示挑縫上、下兩織片起針段的邊端1針內側，針目與針目之間的渡線。

2.接著，繼續交替挑縫每段邊端1針內側的渡線。

3.重複「挑縫渡線，拉緊縫線」。

夾入鬆緊帶的方法

1.放入鬆緊帶之前，兩端先疊合數公分後縫合。

2.放上鬆緊帶，將腰帶對摺至背面。

3.以毛線針挑縫半針。

4.依序進行藏針縫。

5.藏針縫完成的模樣。

2針鬆緊編可防止平面針邊緣的捲曲，作出美麗的輪廓。

12-B

（L size）

Picture on p.43

●素材工具

線材…Hamanaka　Men's Club MASTER　淺褐色（46）390g／8球、焦茶色（58）45g／1球

針具…棒針10號、8號（雙頭棒針）

其他…寬40mm的鬆緊帶78cm

●完成尺寸

腰圍96cm、裙長58cm

●密度

10cm平方的平面針＝15針·21段

●織法

手指掛線起針法起106針，接著編織3段2針鬆緊編。由於起針算作第1段，因此這時已織好4段。之後參照P.45的M size織法，以相同方式進行減針，每隔6段在邊端的第2針織2併針，淺褐色的平面針部分比M size多織2段。腰帶部分改換焦茶色線編織18段，最後織套收針。兩脇邊進行挑針綴縫。腰帶部分往背面對摺，一邊夾入鬆緊帶，一邊進行藏針縫；於指定位置接縫腰袢帶，穿入綁帶。

綁帶織法…P.19

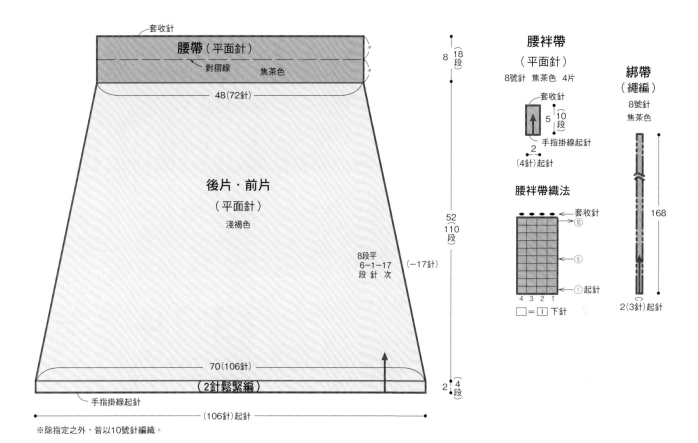

※除指定之外，皆以10號針編織。

組合方法

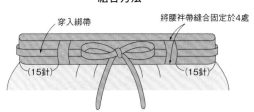

13-A

13-B

13-C

13.14

不必在意正面還是背面
一起來挑戰輪編吧！

帽子原本就是呈筒狀的物品。既然如此，就不該
來回往返的編織，直接一圈圈的編織不是更輕鬆
嗎？基於這樣的理由，所以一起來挑戰「輪編」
吧！你是純棉派？ 抑或是羊毛派呢？

設計／野口智子　製作／池上 舞
織法／P.52

14-A

14-B

49

輪編起針

常用於編織帽子或手套，一圈一圈地往上編織成環狀的起針。使用4支棒針、5支棒針或輪針。

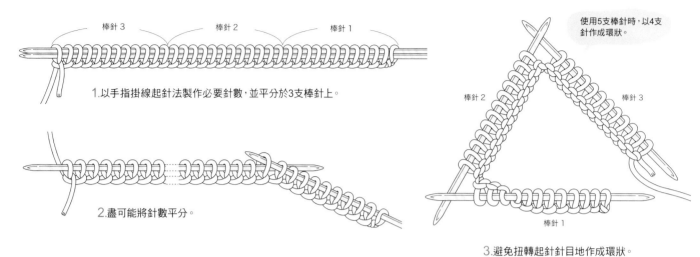

1.以手指掛線起針法製作必要針數，並平分於3支棒針上。

2.盡可能將針數平分。

使用5支棒針時，以4支針作成環狀。

3.避免扭轉起針針目地作成環狀。

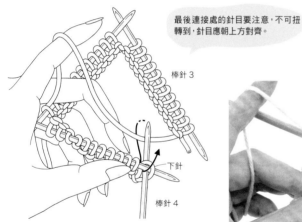

最後連接處的針目要注意，不可扭轉到，針目應朝上方對齊。

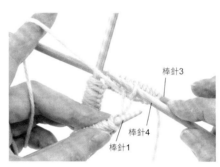

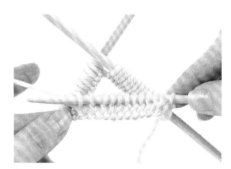

4.此處開始為第2段。織線掛於左手上，另取第4支棒針穿入起針處的第1針，掛線之後織下針。（下針的織法請參照P.22）

5.織好1針的模樣。請注意棒針3與棒針4之間避免過於寬鬆。

6.棒針1上的針目編織完成。交換棒針，編織另外2支棒針上的針目。

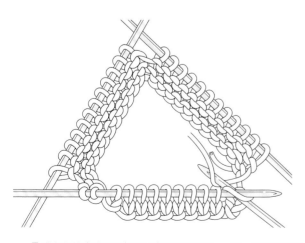

7.織段相接處也是以相同的方式交換棒針，一圈一圈進行編織。

針數較多時不妨試著使用輪針吧！

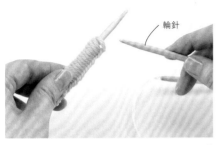

1.以4支棒針組的其中2支製作起針針目，再將針目移至輪針上。

1'.直接使用輪針與1支棒針製作起針針目，再抽出棒針也可以。

2.將起針針目全部移至輪針接繩上的模樣。

3.裝上段數環作為標示，開始編織第2段。

4.織好5針的模樣。接著繼續編織。

5.第2段編織完成。每段結束就移動段數環，一圈一圈的往上編織。

6.輪針不僅可以省下交換棒針的時間，更因為沒有相接處，能夠織得更加整齊美觀。

能夠安心使用的鎖扣式段數記號環
段數記號環／Clover

輪針還能這樣用！

輪針也適用於不織成環狀的織法，亦即需要正反面翻轉的往復編。當針數較多，無法單單使用2支棒針承載針目時，相當便利好用。

將織片移至一邊的針上，以另一邊的棒針進行編織。

由於織片是掛在中央的接繩上，因此不必擔心邊端針目會由針上滑落。

13.14

Picture on p.48·49

●素材工具

13-A：線材…DMC　Natura Denim　藏青色（07）70g／2球、藏青與原色的混色（17）35g／1球、水藍與原色的混色（137）25g／1球

13-B：線材…DMC　Natura Denim　藏青色（07）125g／3球

13-C：線材…DMC　Natura Denim　鐵灰色（02）130g／3球

14-A：線材…Puppy　SHETLAND　銀灰色（44）75g／2球

14-B：線材…Puppy　SHETLAND　灰味綠（11）80g／2球

針具…棒針5號（4支針）、6號（4支針）

其他…Clover超級毛線球編織器 45mm

●完成尺寸

頭圍44cm、帽深30cm

●密度

10cm平方的2針鬆緊編＝25.5針·26段

●織法

手指掛線起針法開始，以2針鬆緊編接連成環狀。帽頂部分參照織圖進行減針。最終段針目穿入織線後，縮口束緊。作品**13-C**與**14-B**接縫絨球即完成。

最終段針數較多時的縮口方式…P.90

條紋花樣的換線與收針藏線…P.24

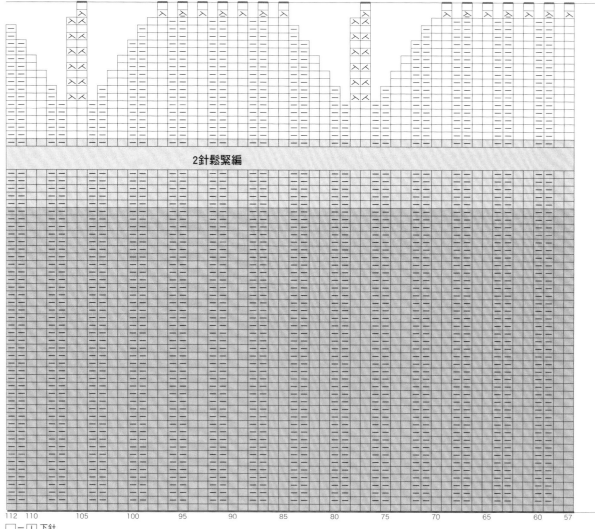

2針鬆緊編

112 110　　105　　100　　95　　90　　85　　80　　75　　70　　65　　60　57

13-A

□＝Ⅰ 下針

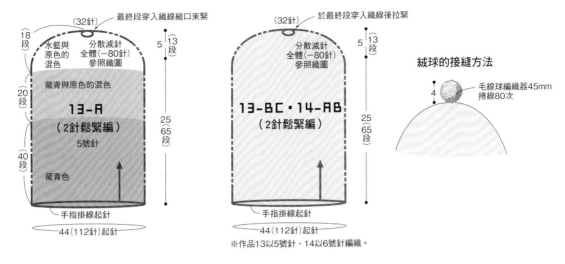

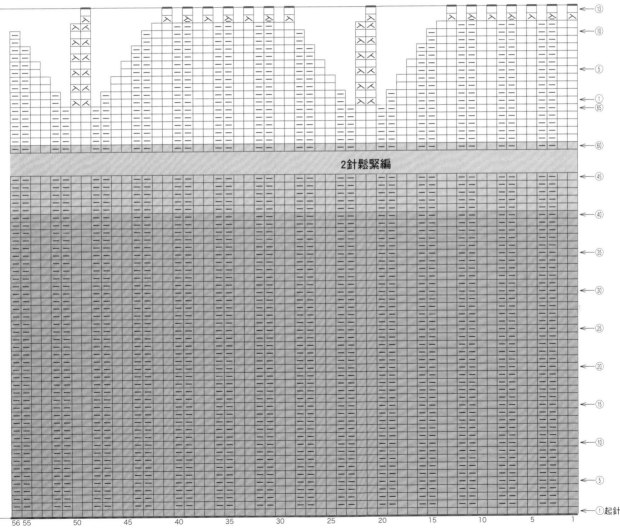

15

STEP 4

纖細可愛的零星孔洞
鏤空針織是永遠的少女情懷

54

15.16

在同一段進行3次減針
同時又增加3針，正負相加等於零

加入了構成鋸齒形圖案的鏤空花樣。蕾絲花樣
正是女孩們專屬的特權。冬季款使用了最高級的
喀什米爾與安哥拉羊毛，擁有柔潤輕暖的魅力手
感。亦可由袖口拉出另一側的身片，當作圍巾。

設計／風工房
織法／P.57

16

鏤空花樣的構成

運用目前為止出現過的針法,加入規律排列的孔洞,即可編織出「鏤空花樣」。
由於這種花樣是一邊進行加針與減針編織而成,因此初次挑戰時多少會感到困惑。
接著就一起來了解鏤空花樣的組合構成吧!

鏤空花樣的記號圖(例)

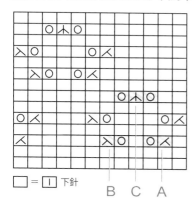

□ = I 下針

B C A

鏤空花樣的規則

加針的掛針與減針的2併針等織目務必形成一組。中途雖可進行加針或減針,但合計的針數並無增減。

| ○ | 掛針 ………………… | 增加針目的織法 |

⟍ 左上2併針

⟋ 右上2併針 ── 複數針目減成1針的織法

人 中上3併針

編織時的注意事項

如果不慎忘了編織掛針或2併針,有可能出現「發現時針數已經不合!」的情況。尚未習慣的期間,最好能經常性地一邊確認針數一邊編織。

A … ○⟍ 左上2併針與掛針

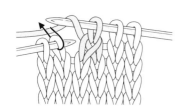
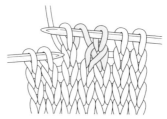

1.以左上2併針將2針織成1針,再如圖掛線,完成掛針。

2.完成左上2併針與掛針的組合。

B … ⟋○ 掛針與右上2併針

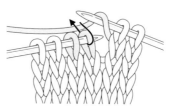
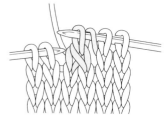

1.如圖掛線完成掛針,再將下2針織成1針,完成右上2併針。

2.完成掛針與右上2併針的組合。

C … ○人○ 掛針與中上3併針

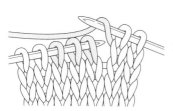
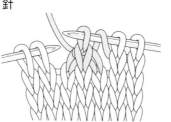

1.編織掛針

2.以中上3併針將3針織成1針。

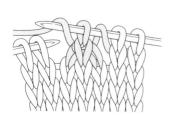
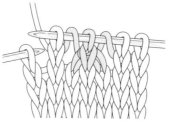

3.再次編織掛針。

4.完成掛針與中上3併針的組合。

組合的變化無限多

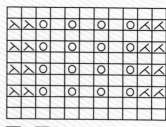

□ = I 下針

掛針與2併針的組合並不限於總是相鄰的模樣。也經常出現如上方織圖所示,將針目分散開來的樣子。本圖例雖然也是每1段針數皆相同的情況,但如果是更加複雜的花樣,有時也會出現編織數段後,再調整回原本針數的模式。

15
Picture on p.54

●素材工具
線材…DMC Natura Denim 混灰色（12）335g／7球
針具…棒針8號
●完成尺寸
衣長54cm
●密度
10cm平方的平面針＝17針·23段、花樣編1組花樣＝11針為7cm、10cm為23段

●織法
手指掛線起針法開始，編織起伏針。接著，依織圖進行起伏針、平面針、花樣編的編織，收針段是看著背面進行套收針。參照組合方法，對齊合印記號進行平針併縫。

16
Picture on p.55

●素材工具
線材…Rich More CASHMERE ANGORA 混灰色（5）160g／4球
針具…棒針8號
●完成尺寸
衣長48cm
●密度
10cm平方的平面針＝19針·26段、花樣編1組花樣＝

11針為6cm、10cm為26段
●織法
作法同15，手指掛線起針法開始，編織起伏針。接著，依織圖進行起伏針、平面針、花樣編的編織，收針段是看著背面進行套收針。參照組合方法，對齊合印記號進行平針併縫。

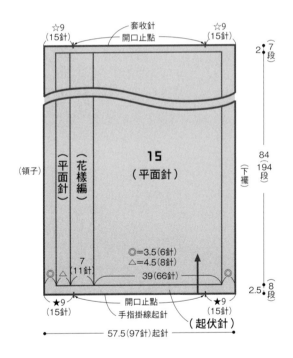

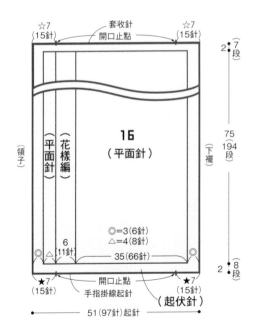

組合方法

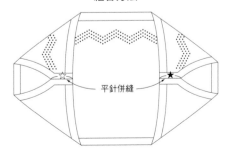

平針併縫

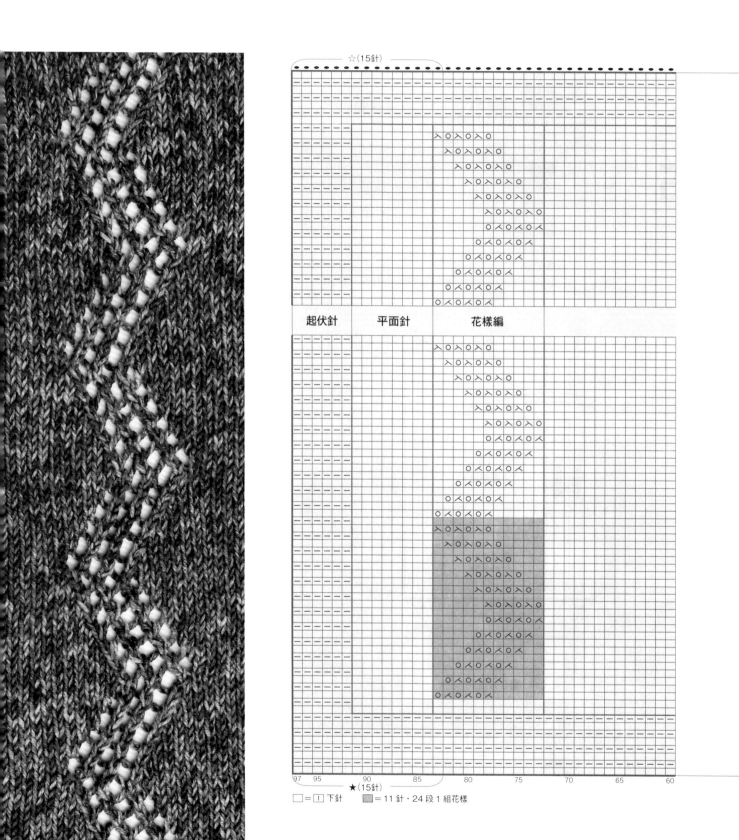

☆(15針)

| 起伏針 | 平面針 | 花樣編 |

97 95   90   85   80   75   70   65   60

★(15針)

□ = Ⅰ 下針　　■ = 11針・24段1組花樣

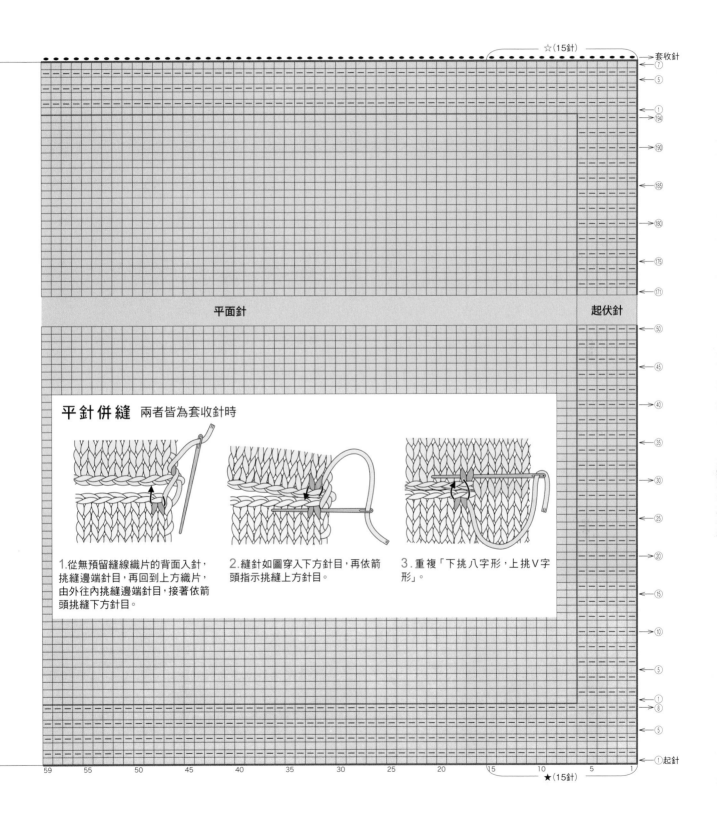

☆(15針)

套收針

平面針

起伏針

平針併縫 兩者皆為套收針時

1.從無預留縫線織片的背面入針，挑縫邊端針目，再回到上方織片，由外往內挑縫邊端針目，接著依箭頭挑縫下方針目。

2.縫針如圖穿入下方針目，再依箭頭指示挑縫上方針目。

3.重複「下挑 八字形，上挑 V 字形」。

★(15針)

起針

17

以掛針來取代減針部分的針數
針數就會一直保持相同數量

略帶復古風格的祖母包是含蓄內斂的著名配件。
由於使用粗棉線材編織，因此呈現出不會過於纖
細的輕鬆休閒感。可以迅速完成，這點也令人開
心不已。

設計／兵頭良之子　製作／土橋滿英
織法／P.62

18

細品毛海織物的醍醐味
葉子花樣披肩

能夠盡情享受鏤空花樣之美，由葉子花樣構成的
輕柔披肩。因為是具有份量感的線材，所以只要
掌握織法要領，即可一口氣導向完成之路，被冬
季才有的幸福感包圍。

設計／兵頭良之子　製作／北島壽子
織法／P.64

提把／Joint（ソウヒロ）

18

17

Picture on p.60

●素材工具
線材…DMC Natura XL 灰味青（72）250g／3球
針具…棒針8mm
其他…Joint（ソウヒロ） 內徑12cm的木柄提把 茶色
（JTM-W2）1組
●完成尺寸
寬37cm、高40cm

●密度
10cm平方的花樣編＝10針・15段
●織法
手指掛線起針法開始，編織起伏編。參照織圖進行編織，收針段織套收針。第2片是在第1片的起針段挑針，將挑針當作第1段，再依相同方式編織。兩側進行起伏針的挑針綴縫至開口止點，最後接縫提把即完成。

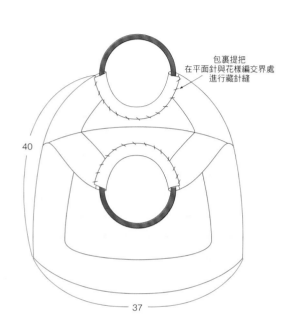

包裹提把
在平面針與花樣編交界處
進行藏針縫

40

37

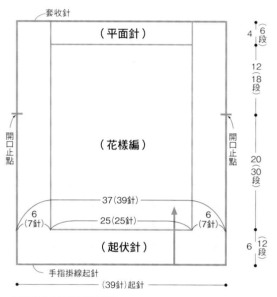

套收針

（平面針）

4｛6段

12｛18段

開口止點

（花樣編）

開口止點

20｛30段

37（39針）

6（7針）

25（25針）

6（7針）

（起伏針）

6｛12段

手指掛線起針

（39針）起針

※第2片是在起針段挑針編織。

在手指掛線起針的針目上挑針

1.棒針穿入邊端針目。

2.取新線掛於棒針上。

3.鉤出織線。

4.棒針穿入相鄰的下一針，掛線。

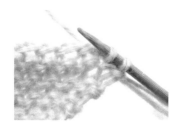

5.以相同方式挑針。

6.挑至邊端處，並確認針數是否與第1片相同。

7.將挑針針目作為第1段，編織第2段。

8.從背面看著起伏針的模樣。

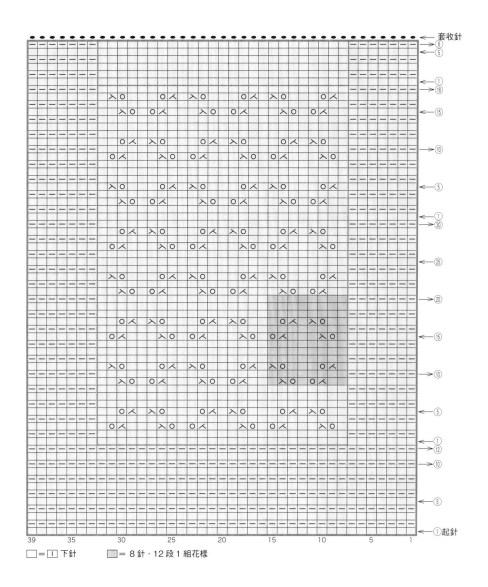

套收針

□ = ① 下針　　□ = 8針·12段1組花樣

起伏針的挑針綴縫

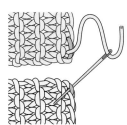

1.織片對齊，縫針挑起下方織片起針針目的織線。

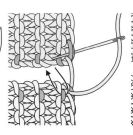

2.往回挑縫上方織片起針針目的織線。

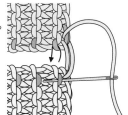

3.每2段挑縫1針，下方織片挑邊端1針內側的下方半針，上方織片邊端針目的上方半針。

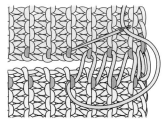

4.重複「每2段挑縫1針，拉緊縫線」的方式縫合。

Picture on p.61

●素材工具
線材…DARUMA Wool Mohair 水藍色（3）100g／5球
針具…棒針10號
●完成尺寸
寬26cm、長126.5cm

●密度
10cm平方的花樣編＝16針・25段
●織法
手指掛線起針法起39針。參照織圖編織6段起伏針，
再進行花樣編。最後織5段起伏針，收針段是看著背面
進行套收針。

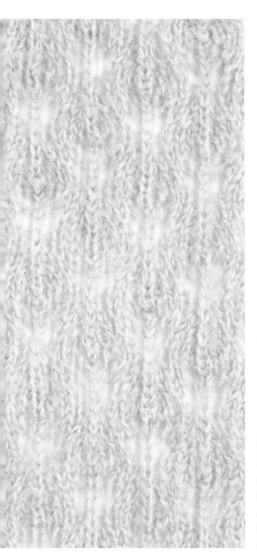

關於毛海（Mohair）

毛海擁有長長的毛足，線與線之間
容易糾纏為其特徵，這也是導致一旦
糾結就難以解開的原因。另外，由於
是非常纖細的線材，若以蒸汽熨斗
過度整燙將會損害原有質感，這點
請多加留意。

套收針

2.5 {5段

（花樣編）

121
302
段

◎＝2.5（3針）

21（33針）

（起伏針）

手指掛線起針

3 {6段

26（39針）起針

 掛針

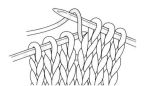

1.織線由內往外掛在右棒
針上。此即為掛針。

2.編織下一針的下針後，
即可穩定掛針。

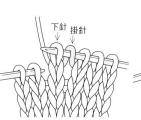

3.編織完成。

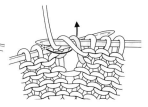

4.編織下一段時，掛針的
織法與其他針目相同。

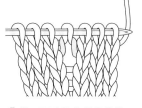

5.從正面看著收針段的模
樣。

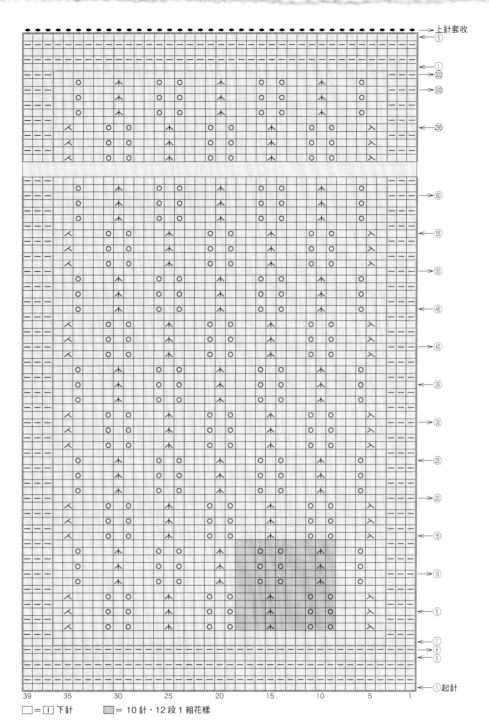

□ = [I] 下針　　■ = 10針·12段1組花樣

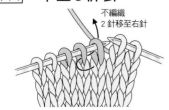 中上3併針

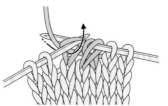
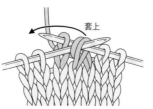

1.棒針依箭頭指示穿入右側2針，不
編織直接移至右針上。

2.下一針織下針。

3.挑起先前移至右針上的2針，套在
織好的針目上。

4.完成中上3併針。

19

披肩也好脖圍也好
找出獨特的自我穿衣風格

以更換棒針號數的方法，製作出下襬緩緩展開，
輪廓可愛織品。帶有份量感的起伏針領子，以及
布滿零星孔洞的鏤空織片，有著絕妙的平衡感。

設計／兵頭良之子　製作／土橋滿英
織法／P.68

19

Picture on p.66

●素材工具
線材…Puppy　SOFT DONEGAL　天空藍（5248）
250g／7球
針具…棒針8・9・10・11號
其他…la droguerie　直徑15mm鈕釦11顆
●完成尺寸
衣長42cm
●密度
10cm平方的花樣編＝13針・22段（11號）

●織法
依序編織本體・前襟・領子。手指掛線起針法開始，參照織圖編織本體與兩側起伏針的前襟，編織右側前襟的同時，一邊製作釦眼。透過更換小號棒針的方式使織片縮小，製作出下襬展開的輪廓。收針段進行套收針。領子3處的鈕釦，為正面、背面都接縫的雙面釦形式。

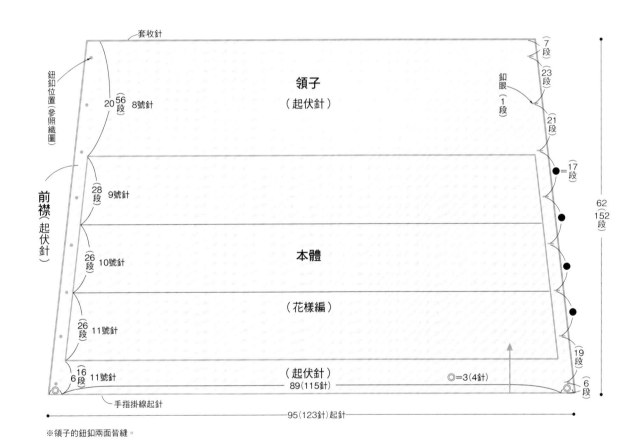

套收針

領子
（起伏針）

7段
23段
釦眼
1段
21段
＝17段

鈕釦位置（參照織圖）

前襟（起伏針）

20 56段 8號針

28段 9號針

26段 10號針

本體

（花樣編）

26段 11號針

19段

16 6段 11號針

（起伏針）
89（115針）

◎＝3（4針）

6段

62 152段

手指掛線起針

95（123針）起針

※領子的鈕釦兩面皆縫。

鈕釦接縫方法

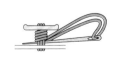

1.縫線穿針對摺，線端打結後由鈕釦的背面入針，再穿回背面的線圈中。

2.接縫於織片上，配合織片的厚度決定釦腳長度。

3.在釦腳上繞線數次固定。

4.縫針如圖示穿過釦腳。

5.縫針穿至織片背面，打止縫結後進行藏線。

釦眼織法

—	—	—	—
	○	人	

→
←

在正面編織的織段

1.以下針編織邊端針目。

2.棒針依箭頭指示穿入下2針。

3.掛線鉤出。

4.完成左上2併針。

5.由內往外掛線,作出掛針。

6.下一針織下針。

在背面編織的織段

7.由於前襟為起伏針,因此在背面編織時,同樣是織下針。

8.編織起伏針的第1針。

9.棒針穿入掛針,接著掛線。

10.鉤出織線。

11.邊端2針織下針。

12.從正面看到的釦眼。

棒針的原寸照

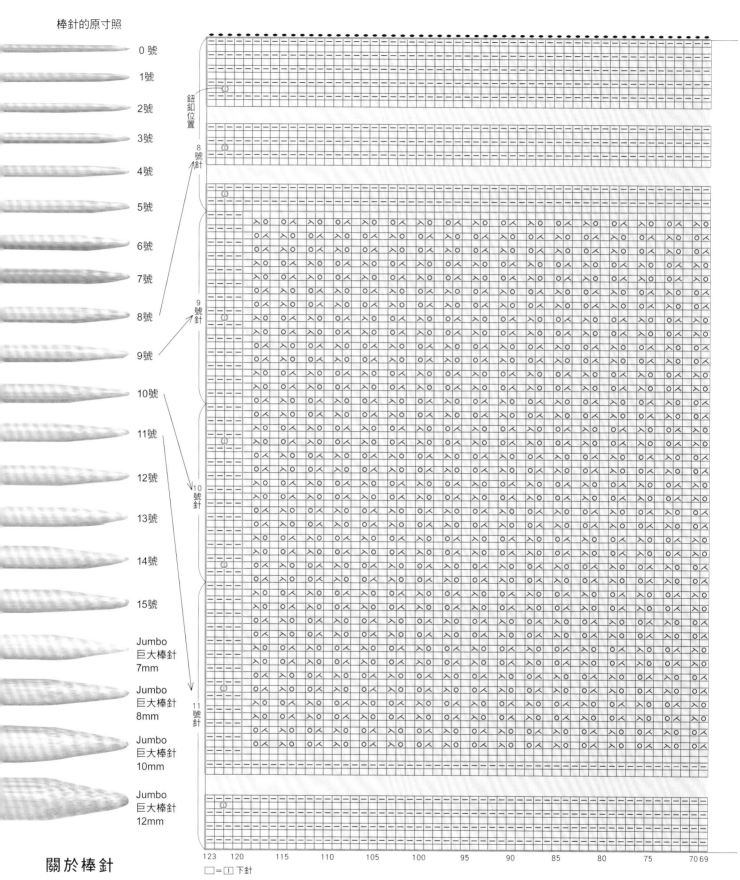

0 號
1 號
2 號
3 號
4 號
5 號
6 號
7 號
8 號
9 號
10 號
11 號
12 號
13 號
14 號
15 號
Jumbo
巨大棒針
7mm
Jumbo
巨大棒針
8mm
Jumbo
巨大棒針
10mm
Jumbo
巨大棒針
12mm

鈕釦位置

8號針
9號針
10號針
11號針

123 120　　115　　110　　105　　100　　95　　90　　85　　80　　75　　70 69

□=ⅠＩ 下針

關於棒針

棒針是以8號、9號、10號、11號等號數來標示針的粗細，數字越大表示棒針越粗。

而超過15號以上的棒針則稱為巨大棒針，並以mm為單位來表示。

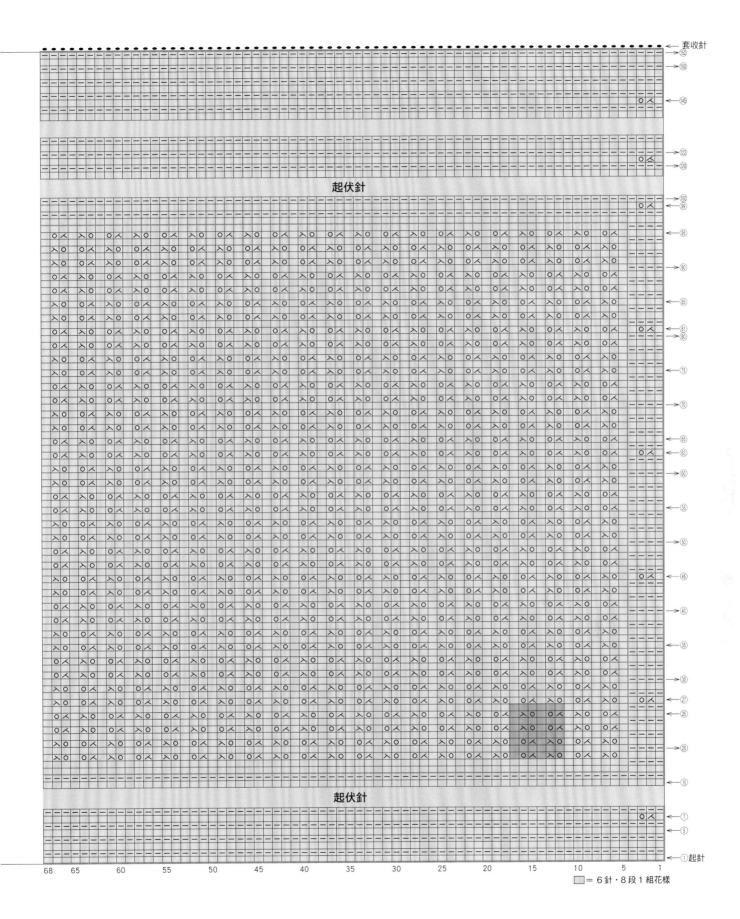

起伏針

起伏針

□ = 6 針・8 段 1 組花樣

連身洋裝／REAC

20.21

看似複雜的鏤空花樣
同樣是小而規律的重複編織

利用線材粗細或材質上的差異,完成氛圍截然不
同的作品,正是編織擁有的優點。加針之後就會
逐漸變大,可以量身打造出最適合自己的尺寸。

設計／今泉史子　製作／21廣島和代
織法／P.75

20

21

✚ 將絞紗捲成線球

1.
絞紗的狀態無法進行編織，先捲成線球吧！

2.
取下毛線標籤，鬆開扭撐的部分。

3.
展開成大大的線圈之後，記得解開打結處。

4.
能夠兩人一組進行最為理想。一人如圖示以手腕固定線圈，一人負責將毛線捲繞成球。

5.
為了避免將線球捲得過於緊實，請放入手指預留空間。

6.
重要的線球完成了！

7.
也有這種便利的工具。

捲線器&傘撐線架／DARUMA

8.
由中心拉出織線使用。

關於絞紗

日本國內生產的紗線，幾乎都是以線球方式出售，但最近以絞紗狀販售的情況也逐漸增加。
特別是國外進口的紗線多為成捲的絞紗。無論是日本國產或是國外進口的線材，標籤上都標示著詳細資料，因此請勿直接丟棄！

毛線標籤說明…P.109

講究製作工藝的花呢毛線是由美國進口的線材，成捲絞紗排列於店內。
Brooklyn Tweed SHELTER／Keito

100% American Wool
Grown in Wyoming

Shelter is an artisanal woolen-spun yarn made from the fiber of Targhee-Columbia sheep grown in the American West. This yarn has been meticulously crafted to suit the needs of the passionate handknitter. We hope you'll love working with it as much as we do!

SHELTER
100% American Wool

TARTAN
Lot_33.7001

140 yards (approx. 50g)
worsted-weight yarn

Gauge Range
20 stitches to 4" | US 7
18 stitches to 4" | US 8
17 stitches to 4" | US 9

Handwash only; dry flat
www.brooklyntweed.com

20

Picture on p.72

●素材工具
線材…Keito　Brooklyn Tweed SHELTER　Tartan
（33）230g／3絞紗
針具…棒針8號
●完成尺寸
寬144cm、長81.5cm

●密度
10cm平方的花樣編＝15針‧27段
●織法
手指掛線起針法開始，編織起伏針與花樣編。最後織
11段起伏針，收針段織下針的套收針。

21

Picture on p.73

●素材工具
線材…Hamanaka　Flax Tw　杏色（707）80g／4球
針具…棒針4號
●完成尺寸
寬92cm、長50cm

●密度
10cm平方的花樣編＝19針‧36段
●織法
編織作法同作品20。最後織9段起伏針，收針段織下
針的套收針。由於比起一般毛線更容易脫線，因此請
預留較長的線段進行藏線固定。

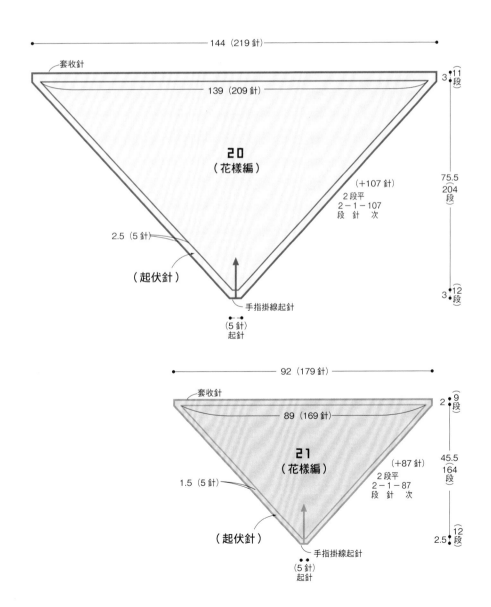

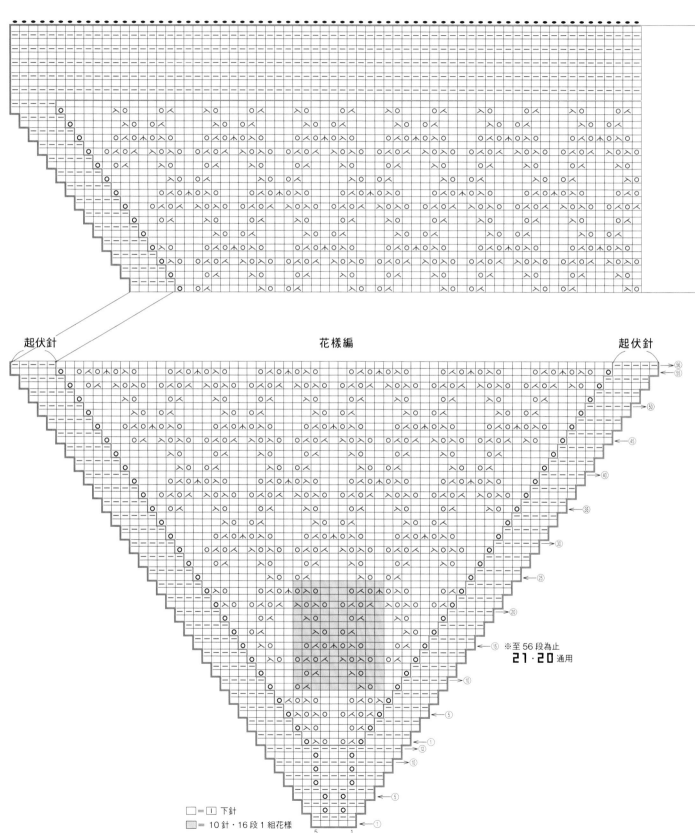

起伏針　　　　　　　　　　　　　　　　花樣編　　　　　　　　　　　　　　　　起伏針

←56
←55
←50
←45
←40
←35
←30
←25
←20
←15　※至56段為止
　　21・20 通用
←10
←5
①
12
10
←5
←①
5　　1

□=Ⅰ 下針
▨= 10針・16段 1 組花樣

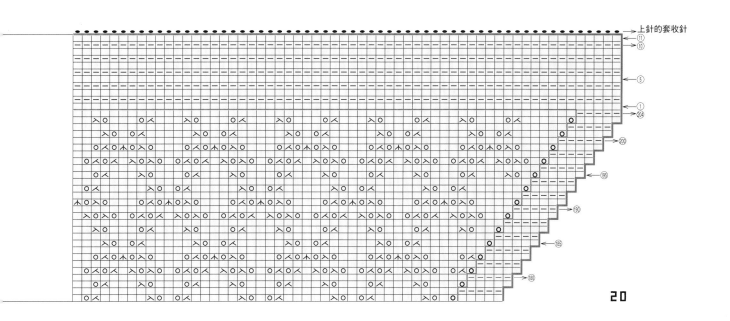

20

21　收針段

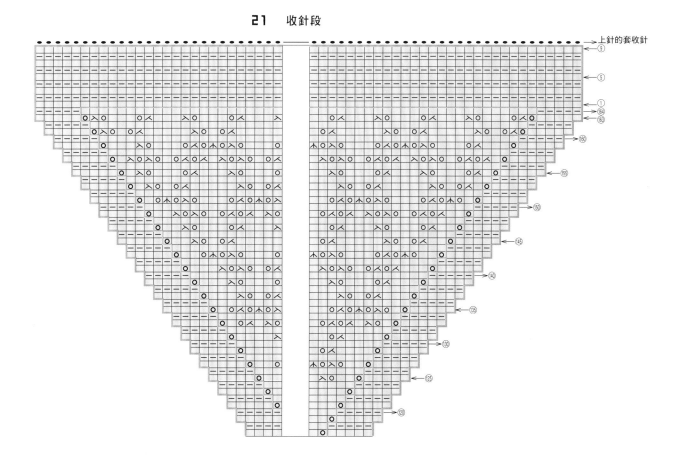

22

23

STEP 5

盡情品味編織的樂趣
說到針織就是艾倫花樣

22.23

無可替代的紋理質感
就由麻花針來給予最堅實的支援

「什麼！我真的能編織出如此高難度的花樣嗎？」
似乎可以經常聽到這樣的疑問，但是請放心吧！
花樣全都是下針與上針的組合。只要依照各個織
法的指示進行編織，就一定可以完成。

設計／風工房
織法／P.88

外套、寬管褲／REAC

24

說到令人驚喜的禮物
必然是艾倫花樣的編織帽

以這款艾倫針織帽作為禮物，應該沒有人不喜歡
吧？雖然建議以輪編進行帽子的編織，但是為了
讓配套的脖圍、裙子更有整體感，於是統一織法
使用了往復編。

設計／風工房
織法／P.90

25

新鮮！艾倫花樣的裙子
正因為難點只有份量多所以絕對能完成

新手就要編織艾倫毛衣，難度似乎還是高了點，
然而若是針織裙，就有一種能夠完成的預感。僅
需在兩側脇邊進行規則性的減針，不妨以編織大
型披肩的感覺試試看吧！

設計／風工房
織法／P.92

體驗色彩的樂趣

無論是帽子、脖圍還是裙子，其實都是以相同線材編織的作品。由於全都使用相同的花樣，所以能夠隨意組合打造整體搭配。線材由自然色調到粉彩色調皆有，變化豐富的色彩一應俱全，雖然可以依照書中指定的顏色製作，但何不選用自己喜愛的色彩來編織呢？挑選顏色也是編織的樂趣之一。

26

線材粗、棒針也粗
編織四季皆適用的艾倫手拿包

是誰規定艾倫花樣非得冬天才能使用？由於選用
了繩子般的特殊織線編織而成，因此隔天就能攜
帶出門。得意地向朋友們展示一番，擴大「四季的
艾倫花樣」的愛好圈吧！

設計／風工房
織法／P.84

鈕釦／la droguerie 京都北山店

26

Picture on p.83

●素材工具

線材…Hamanaka DOUGHNUT 原色（1）280g／2球

針具…棒針8mm、鉤針10/0號

其他…la droguerie 直徑40mm鈕釦1顆

●完成尺寸

寬32cm、高20cm

●密度

10cm平方的花樣編＝12針・14.5段、上針平面針＝7針為6cm・10cm為14.5段

●織法

手指掛線起針，先依織圖編織後袋身，接著織2針鬆緊編，收針段下針織下針套收，上針織上針套收。前袋身是在起針段挑針，再依相同方式編織。最後兩脇邊對齊進行挑針綴縫。

接線鉤織釦環的方法…P.12

2針鬆緊編的套收針…P.39

在手指掛線起針的針目上挑針…P.62

配合織線選用特大尺寸的麻花針。

巨大麻花針／Clover

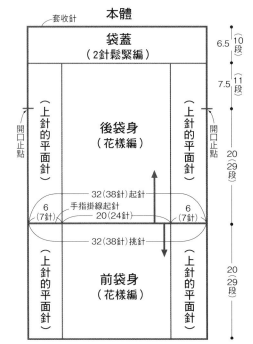

本體

套收針

袋蓋
（2針鬆緊編）

6.5 ⑩段

7.5 ⑪段

（上針的平面針）　後袋身（花樣編）　（上針的平面針）

開口止點　　　　　　　　　開口止點

20（29段）

32（38針）起針

手指掛線起針

6（7針）　20（24針）　6（7針）

32（38針）挑針

（上針的平面針）　前袋身（花樣編）　（上針的平面針）

20（29段）

※除指定之外，皆以8mm編織。

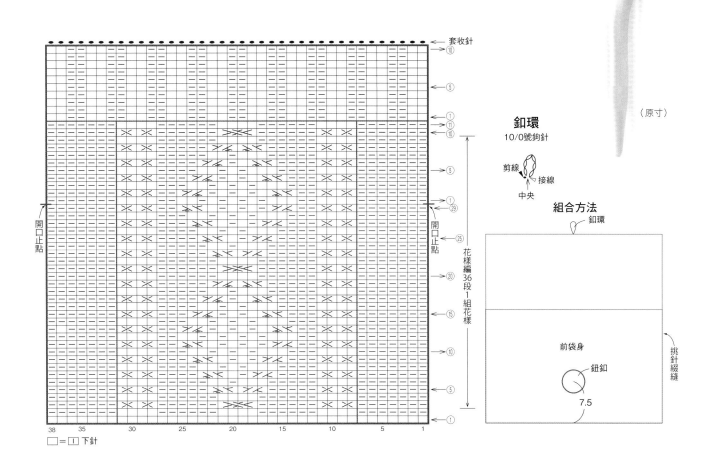

套收針

⑩

⑤

①

⑪

⑩

⑤

①（29）

（25）

（20）

（15）

（10）

（5）

①

花樣編36段1組花樣

開口止點　　　　　　開口止點

38　35　30　25　20　15　10　5　1

□＝｜ 下針

釦環

10/0號鉤針

剪線　接線

中央

（原寸）

組合方法

釦環

前袋身

鈕釦

7.5

挑針綴縫

84

只要有細・中・大的3件組
幾乎就能對應所有作品。
麻花針／Clover

⊠ 右上1針交叉

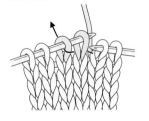 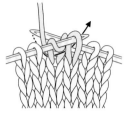 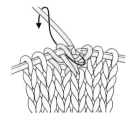 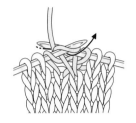 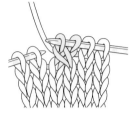

1. 右棒針依箭頭指示，由右針目後方往前穿入左側針目。

2. 織下針。

3. 直接以下針編織原本的右側針目。

4. 鉤出織線後，織好的2針目滑出左棒針。

5. 完成右上1針交叉。

⊠ 左上1針交叉

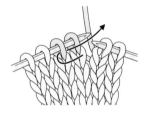 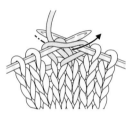 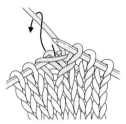 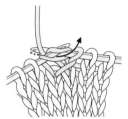 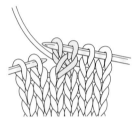

1. 右針依箭頭指示穿入左側針目。

2. 織下針。

3. 直接以下針編織右側針目。

4. 鉤出織線後，織好的2針目滑出左棒針。

5. 完成左上1針交叉。

⊠ 右上2針與1針的交叉

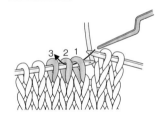 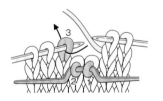 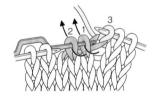 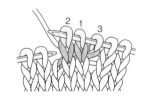

1. 將右側2針移至麻花針上。

2. 將穿入麻花針的針目置於內側休針，針目3織下針。

3. 以下針編織麻花針上的2針。

4. 完成右上2針與1針的交叉。

⊠ 左上2針與1針的交叉

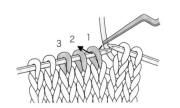 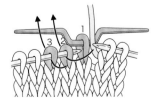 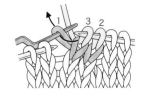 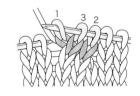

1. 將針目1移至麻花針上。

2. 將穿入麻花針的針目置於外側休針，針目2・3織下針。

3. 以下針編織麻花針上的針目。

4. 完成左上2針與1針的交叉。

右上2針交叉

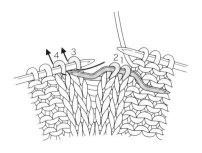

1.將右側2針移至麻花針上,置於內側休針。

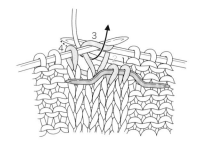

2.以下針編織針目3·4。

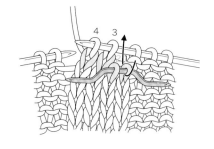

3.以下針編織麻花針上的針目1。

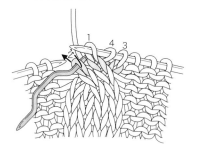

4.同樣以下針編織針目2。

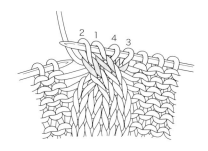

5.完成右上2針交叉。

左上2針交叉

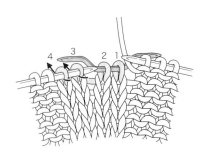

1.將右側2針移至麻花針上,置於外側休針。

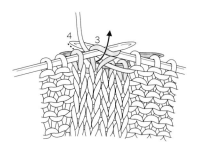

2.以下針編織針目3。

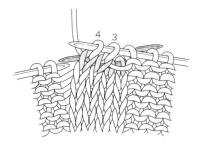

3.同樣以下針編織針目4。

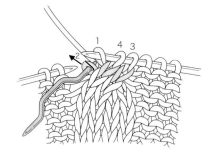

4.以下針編織麻花針上的針目1·2。

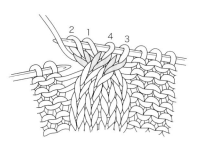

5.完成左上2針交叉。

⊠ 右上2針與1針的交叉（下方為上針）

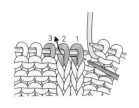

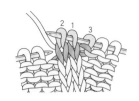

1.將右側2針移至麻花針上。

2.將穿入麻花針的針目置於內側休針，針目3織下針。

3.以下針編織麻花針上的2針。

4.完成右上2針與1針的交叉（下方為上針）。

⊠ 左上2針與1針的交叉（下方為上針）

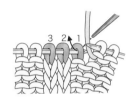

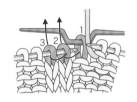

1.針目1移至麻花針上。

2.將穿入麻花針的針目置於外側休針，針目2‧3織下針。

3.以上針編織麻花針上的針目。

4.完成左上2針與1針的交叉（下方為上針）。

⊠ 上針的右上2併針

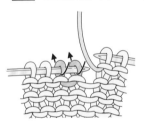

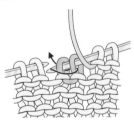

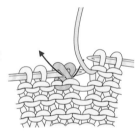

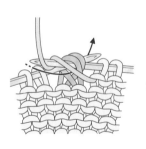

1.分別挑2針，不編織直接移至右針上。

2.左棒針由右往左一次挑起2針，針目回到左針上。

3.右針依箭頭指示穿入針目。

4.2針一起織上針。

5.完成上針的右上2併針。

⊠ 上針的左上2併針

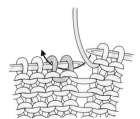

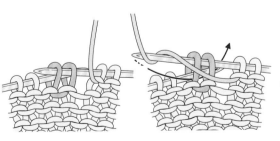

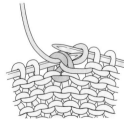

1.右針如圖示一次穿入2針。

2.穿入棒針的模樣。

3.右針掛線後依箭頭指示鉤出織線。

4.2針一起織上針。

5.完成上針的左上2併針。

22

Picture on p.78

●素材工具
線材…Puppy British Eroika 紫味紅（168）135g／3球
針具…棒針10號
●完成尺寸
寬15cm、長66.5cm

●密度
10cm平方的花樣編＝21針‧20.5段
●織法
手指掛線起針，進行花樣編，收針段下針織下針套收，上針織上針套收。最後將起針段與收針段對齊，以捲針併縫接合成環。

23

Picture on p.78

●素材工具
線材…Puppy British Eroika 紫味紅（168）80g／2球
針具…棒針9號‧棒針10號
●完成尺寸
手圍21.5cm、長30cm
●密度
10cm平方的平面針＝21針‧20.5段、上針的平面針＝14針‧20.5段

●織法
收針段下針織下針套收，上針織上針套收。預留拇指孔位置後，兩側對齊進行上針平面針的挑針綴縫，接合成筒狀。

套收針

22
（花樣編）

133
274
段

手指掛線起針

15（32針）

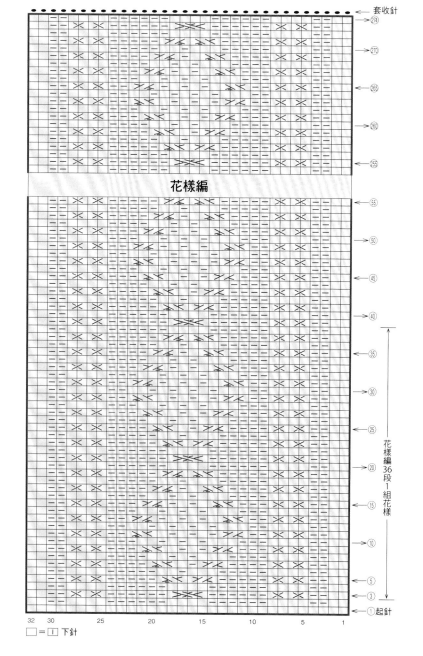

套收針

274

270

265

260

255

花樣編

55

50

45

40

35

30

25

20

15

10

5

3

起針

花樣編36段1組花樣

32 30　　25　　20　　15　　10　　5　　1

□＝□ 下針

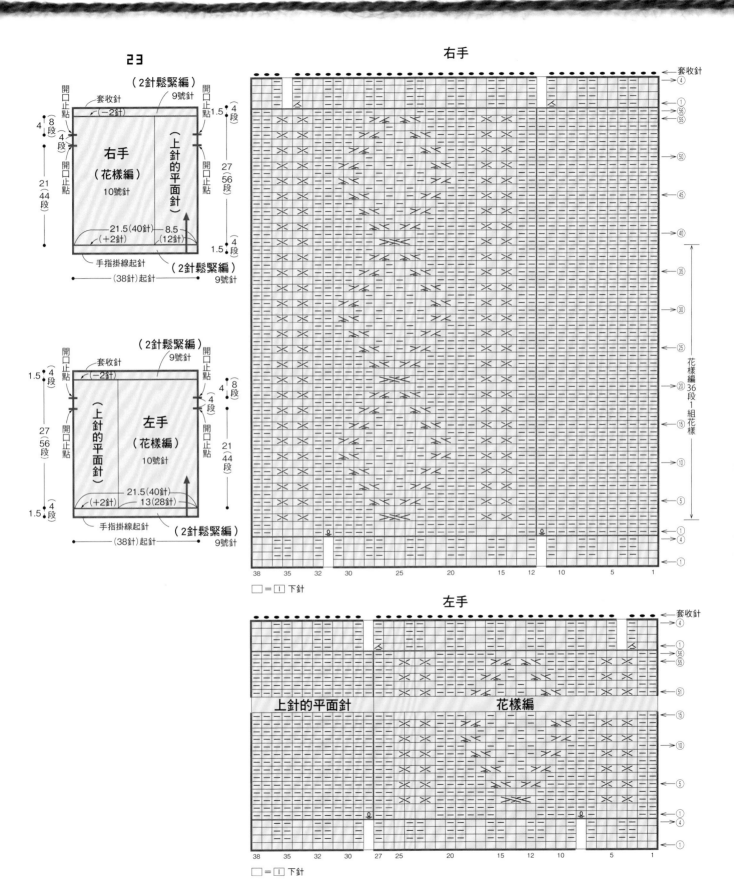

□ = I 下針

□ = I 下針

24

Picture on p.80

●素材工具
線材…Puppy British Eroika 薰衣草灰（188）
90g／2球
針具…棒針10號・8號
●完成尺寸
頭圍48cm、帽深24cm
●密度
10cm平方的花樣編＝21針・20.5段、上針的平面
針＝14針・20.5段
●織法
手指掛線起針，先以8號針編織2針鬆緊編，再改
換10號針進行。在花樣編的第1段加4針，參照織
圖編織花樣編，帽頂的第41段與第42段進行2併
針的減針，最後餘下23針。兩側對齊進行挑針綴
縫，在反摺處改換縫合的正反面。最終段針目穿
線，縮口束緊。

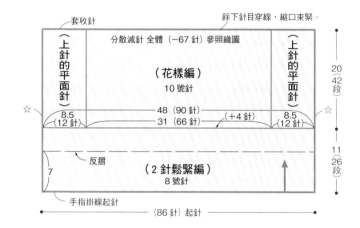

組合方法

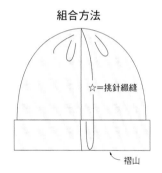

☆＝挑針綴縫

↙褶山

最終段針數較多時的縮口方式

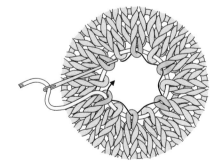

每隔1針穿入織線，分2次穿線縮口。

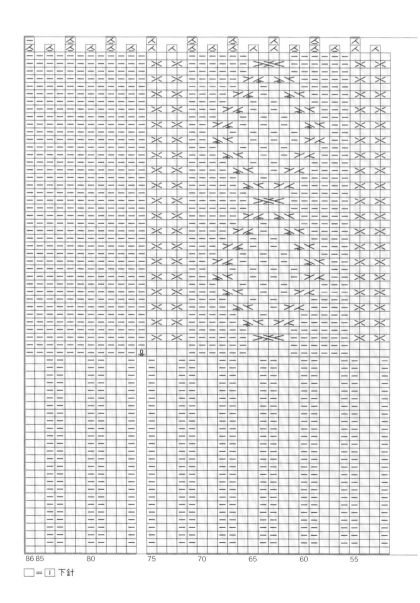

□＝□ 下針

90

⬚Ⓠ 上針的扭加針

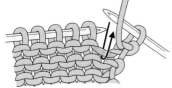

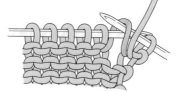

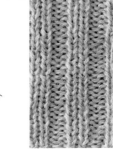

1.右針依箭頭指示挑起渡線。 2.挑起渡線。 3.將挑起的渡線移至左針上。

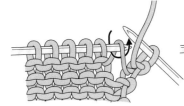

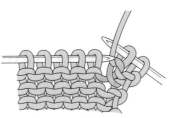

4.右針依箭頭指示穿入針目。 5.右針掛線鉤出。 6.完成上針的扭加針。

由於2針鬆緊編為反摺的
部分,因此挑針綴縫時要
在相反的面進行縫合。

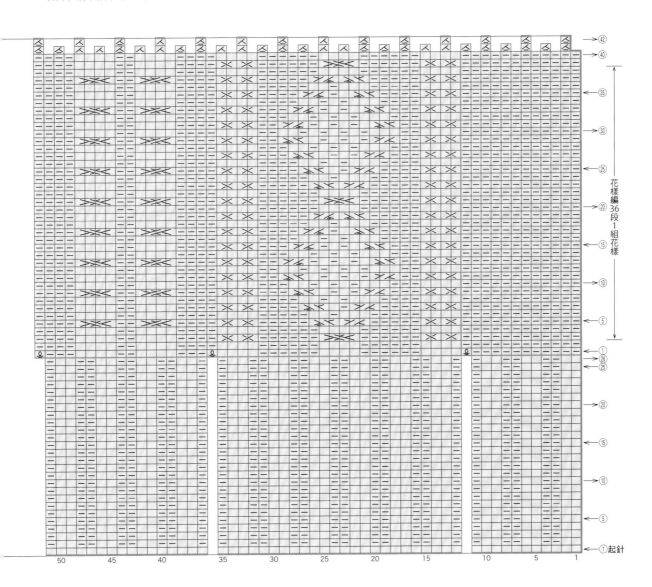

花樣編36段1組花樣

①起針

50　　45　　40　　35　　30　　25　　20　　15　　10　　5　　1

25

Picture on p.81

●素材工具

線材…Puppy British Eroika 深綠色（209）425g／
9球

針具…棒針9號

其他…寬35mm的鬆緊帶72cm

●完成尺寸

腰圍71cm、裙長65cm

●密度

10cm平方的花樣編＝22針·22段、上針的平面針＝
15針·22段

●織法

分別編織前、後裙片。手指掛線起針，編織2針鬆緊
編，參照織圖在花樣編的第1段加4針，在邊端內側
的第2針進行減針。編織134段後，進行2針鬆緊編
的腰帶，收針段為套收針。兩脇邊對齊，進行上針平
面針的挑針綴縫。最後夾入鬆緊帶縫合。

夾入鬆緊帶的方法…P.46

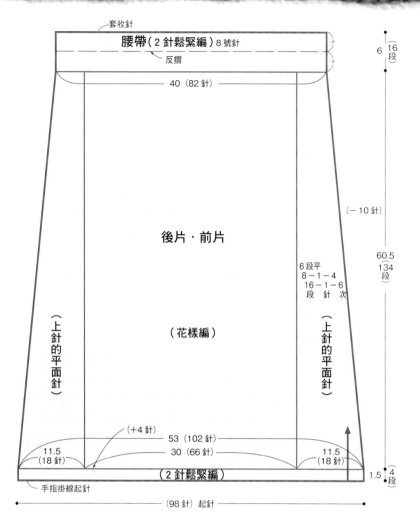

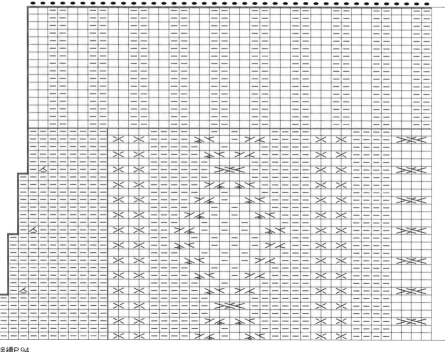

接續P.94

邊端內側減1針（上針時）

上針的右上2併針・上針的左上2併針…P.87

右側

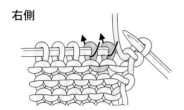
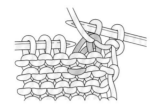

1.邊端織1針上針，第2針與第3針織上針的右上2併針。

2.完成右側的減針。

左側

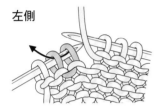
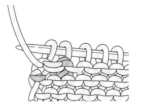

1.左側的倒數第2針與第3針織上針的左上2併針。

2.最後的邊端針目織上針，完成左側的減針。

起針部分只要織鬆緊編，織片邊緣就不會捲曲。

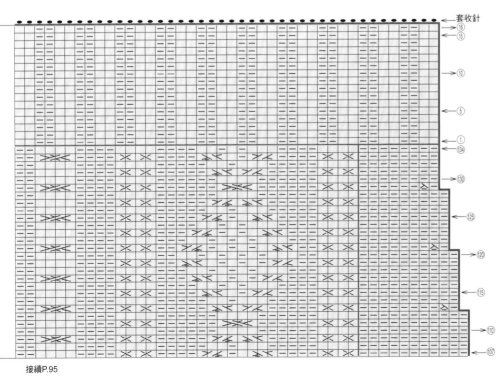

接續P.95

接續P.92

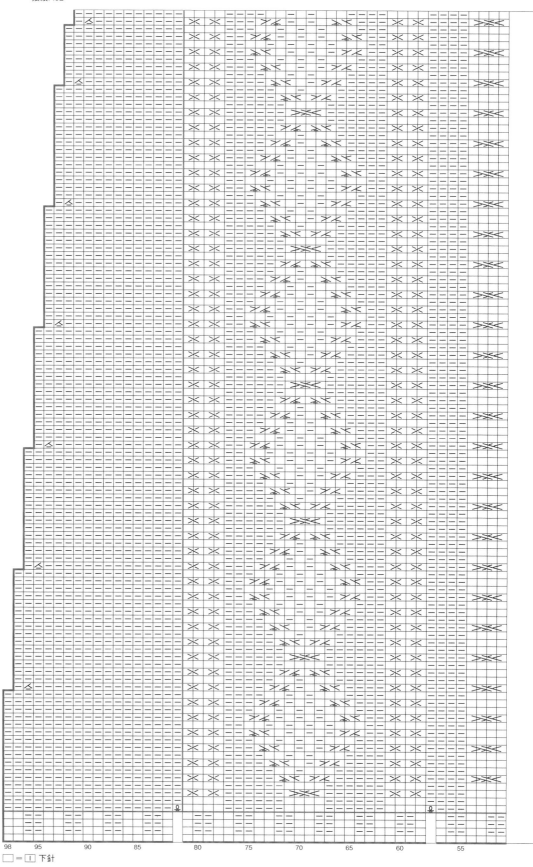

□ = □ 下針

接續P.93

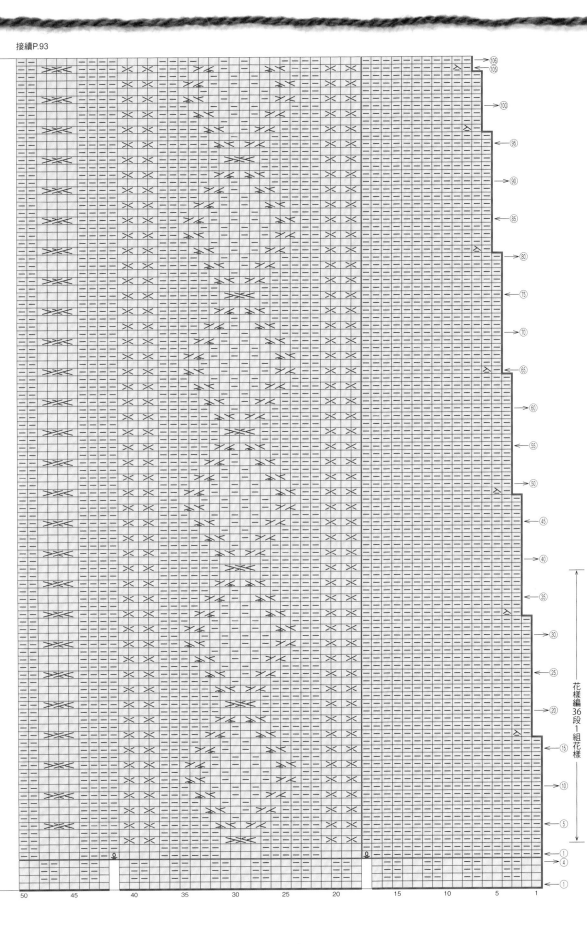

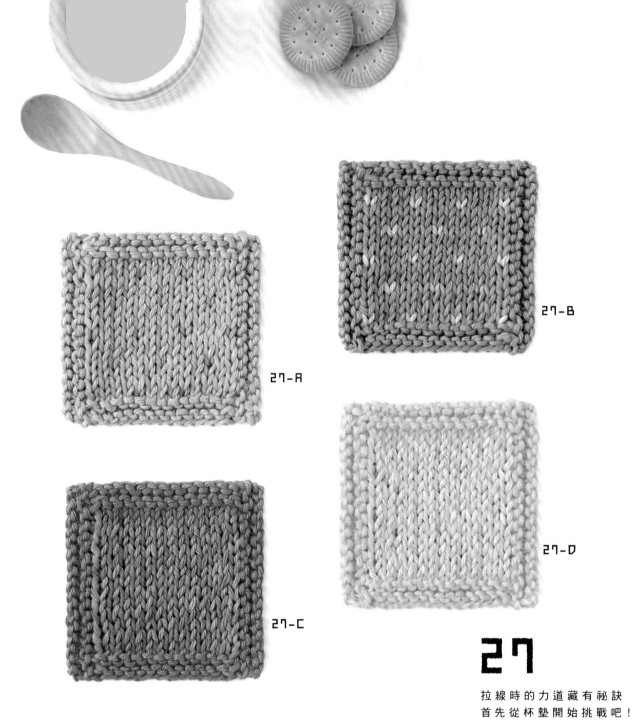

27-A

27-B

27-C

27-D

27

拉 線 時 的 力 道 藏 有 祕 訣
首 先 從 杯 墊 開 始 挑 戰 吧 !

首先,從手掌大小的杯墊尺寸開始挑戰吧!因為
是以棉質織線編織,所以在重複編織完成、使用
與清洗的過程中,織入花樣的技巧也隨之更加熟
練了吧!

織法／P.100

STEP 6

通 往 編 織 達 人 之 路
色 彩 與 圖 案 同 樂 的 織 入 花 樣

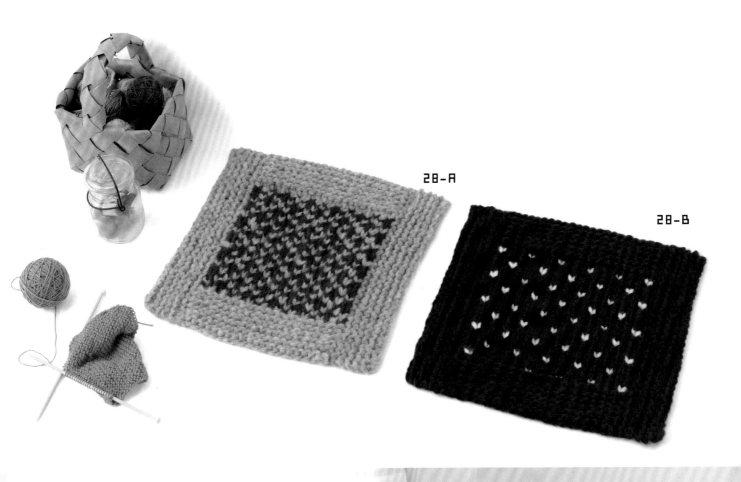

28-A

28-B

28

編織要領與杯墊相同
只要使用粗線就可迅速織就

圖案與杯墊相同。即便顏色與素材不同，但織入花樣的樂趣仍然不變。由於織線會在背面交錯渡線，因此不但能夠防寒，而且也讓人理解了為何溫暖的毛線衣多是織入花樣的緣故。

織法／P.106

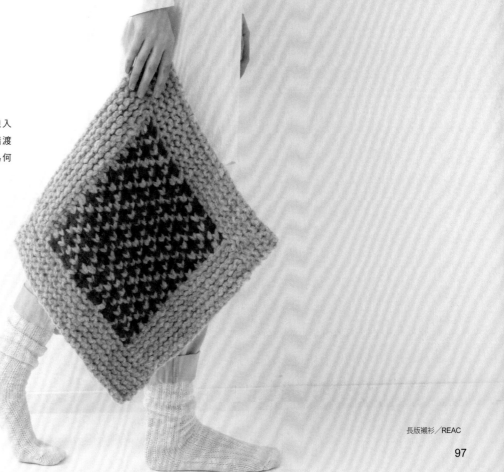

長版襯衫／REAC

織入花樣

藉由橫向更換底色線與配色線編織的方式。不編織的織線則是在背面橫向渡線。
適用纖細花樣或橫向的連續花樣。

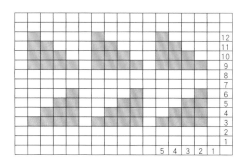

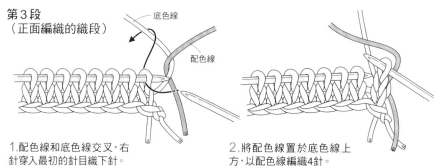

第3段
（正面編織的織段）

底色線
配色線

1.配色線和底色線交叉，右
針穿入最初的針目織下針。

2.將配色線置於底色線上
方，以配色線編織4針。

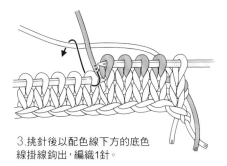

3.挑針後以配色線下方的底色
線掛線鉤出，編織1針。

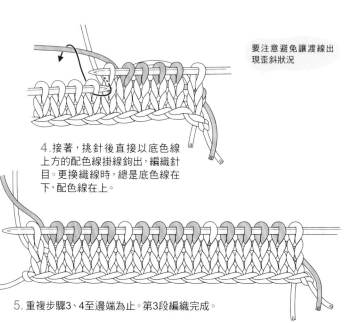

4.接著，挑針後直接以底色線
上方的配色線掛線鉤出，編織針
目。更換織線時，總是底色線在
下，配色線在上。

要注意避免讓渡線出
現歪斜狀況

5.重複步驟3、4至邊端為止。第3段編織完成。

第4段
（背面編織的織段）

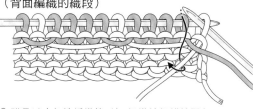

6.雖是以底色線編織第1針，但織線仍維持配色
線在上，底色線在下的模式。

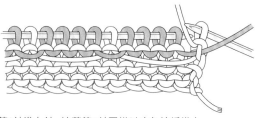

7.第1針織上針，接著第2針同樣以底色線編織上
針。

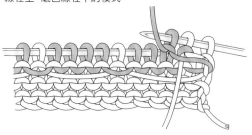

8.下一針挑針後，直接以底色線上方的配色線掛線鉤
出，編織上針。

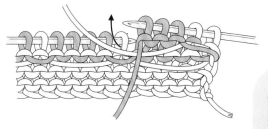

9.織完3針後，以配色線下方的底色線織2針。接
下來皆以相同要領繼續編織。

編織時的注意事項
若是過度拉緊背面的織線，織
片就會產生歪斜。請確實留出
不編織針數長度的渡線，再編
織接下來的針目。

98

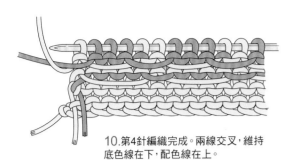

10.第4針編織完成。兩線交叉，維持底色線在下，配色線在上。

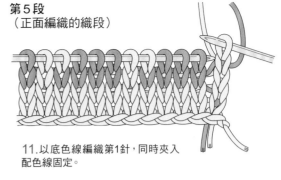

11.以底色線編織第1針，同時夾入配色線固定。

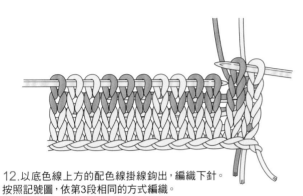

12.以底色線上方的配色線掛線鉤出，編織下針。按照記號圖，依第3段相同的方式編織。

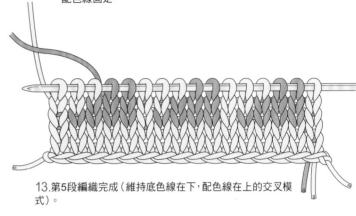

13.第5段編織完成（維持底色線在下，配色線在上的交叉模式）。

第6段
（背面編織的織段）

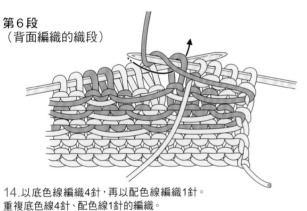

14.以底色線編織4針，再以配色線編織1針。重複底色線4針、配色線1針的編織。

第7段
（正面編織的織段）

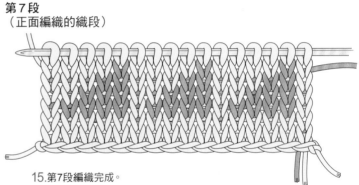

15.第7段編織完成。

這種情況時？

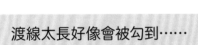

渡線太長好像會被勾到⋯⋯

渡線留得太長時，就在編織途中將渡線夾入編織吧！
渡線要是太剛好而緊繃，就會導致織片變形歪斜，因此稍微留有餘裕的長度才是剛好。

1.在背面編織的織段時，連同左針上的針目與渡線一併挑起。

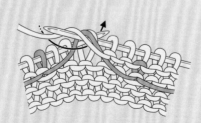

2.直接一起織上針。

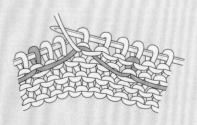

3.夾入渡線編織後的樣子。接著繼續編織。

27

Picture on p.96

●素材工具
A：線材…DARUMA 夢色木棉 暗粉紅（24）15g／1球、
橄欖綠（23）少量／1球
B：線材…灰味青（27）15g／1球、杏色（16）少量／1球
C：線材…青色（7）10g／1球、橄欖綠（23）少量／1球
D：線材…黃色（4）10g／1球、杏色（16）少量／1球
針具…棒針10號
●完成尺寸
寬11cm、長10cm
●密度
10cm平方的起伏針＝18.5針・20段
●織法
手指掛線起15針，依序編織起伏針、織入花樣、起伏
針。收針段是看著背面織下針的套收針。接著分別在兩
側挑17針，編織起伏針，最後同樣進行套收針。

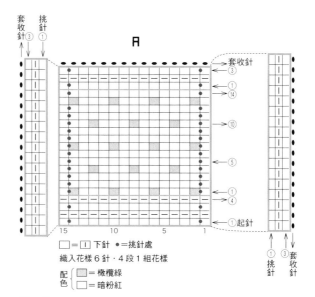

□＝Ⅰ 下針 ●＝挑針處
織入花樣 6 針・4 段 1 組花樣
配色 { □＝橄欖綠
□＝暗粉紅

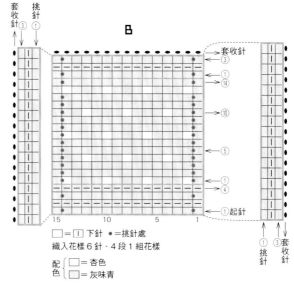

□＝Ⅰ 下針 ●＝挑針處
織入花樣 6 針・4 段 1 組花樣
配色 { □＝杏色
□＝灰味青

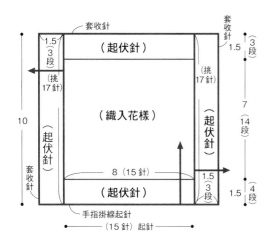

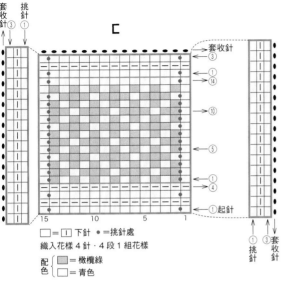

C

套收針 ③ 挑針 ①

套收針 ③

→ 套收針 ③
→ ① 14
→ ① 14
→ ⑩
→ ⑤
→ ①
→ ④
→ ① 起針

15　10　5　1

① 挑針　③ 套收針

□=|| 下針　●=挑針處
織入花樣 4 針・4 段 1 組花樣

配色 { □=橄欖綠
□=青色 }

28-B 的織入花樣

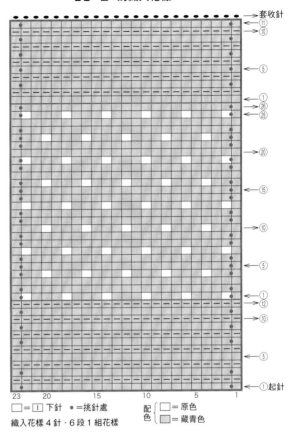

→ 套收針 ③
→ ⑪
→ ⑩
→ ⑤
→ ①
→ ㉖
→ ㉕
→ ⑳
→ ⑮
→ ⑩
→ ⑤
→ ①
→ ⑫
→ ⑩
→ ⑤
→ ① 起針

23　20　15　10　5　1

□=|| 下針　●=挑針處
織入花樣 4 針・6 段 1 組花樣

配色 { □=原色
□=藏青色 }

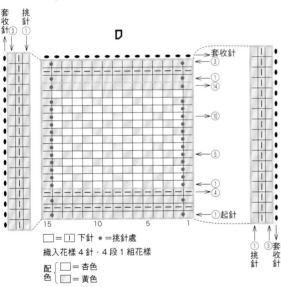

D

套收針 ③ 挑針 ①

套收針 ③

→ 套收針 ③
→ ① 14
→ ① 14
→ ⑩
→ ⑤
→ ①
→ ④
→ ① 起針

15　10　5　1

① 挑針　③ 套收針

□=|| 下針　●=挑針處
織入花樣 4 針・4 段 1 組花樣

配色 { □=杏色
□=黃色 }

挑針（平面針目）

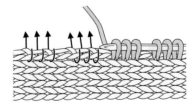

在邊端 1 針內側的針目之間入針，掛線鉤
出即為針目（當挑針數比段數少時，請
平均跳過織段）。

29

令人印象深刻的配色
趕跑了冷冽的寒風

您知道嗎？與其穿著厚重的衣物，保持脖子、手
腕與腳踝的溫暖，更能有效禦寒。正因為是整條
街道都如同黑白照片的季節，請以亮眼的色彩作
為時尚焦點吧！

設計／風工房
織法／P.107

29-A

29-B

30-A

30

似曾相識卻遍尋不著
既想擁有也想編織的「簡單」之美

加入點點花樣的簡單織入圖案。藉由兩種色彩的
組合搭配，既能顯得時尚亦可呈現經典，挑選色
彩更是織入花樣最令人期待的一環。而帽子畢竟
還是以輪編來編織最為輕鬆。

設計／野口智子
織法／P.104

30-B

紅色罩衫、青色針織上衣／皆為REAC

30

Picture on p.104

●素材工具
A：線材…Puppy MINI SPORT 鐵灰色（620）
70g／2球、杏色（700）10g／1球
B：線材…杏色（700）70g／2球、綠色（726）
10g／1球
針具…棒針10號（4支棒針）
●完成尺寸
頭圍47cm、帽深24.5cm
●密度
10cm平方的起伏針＝17針・20段
●織法
手指掛線起針法開始，進行1針鬆緊編的輪編，
並繼續編織織入花樣。與往復編不同，輪編是依
織圖一直朝著相同的方向編織。帽頂減針參照織
圖，最終段針目穿線後，縮口束緊。

最終段針數較多時的縮口方式…P.90
輪編起針…P.50

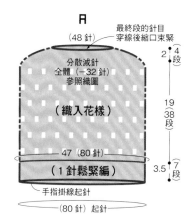

A

（48針）
最終段的針目穿線後縮口束緊
分散減針
全體（−32針）
參照織圖
2／4段
（織入花樣）
19（38段）
47（80針）
（1針鬆緊編）
3.5／7段
手指掛線起針
（80針）起針

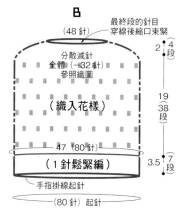

B

（48針）
最終段的針目穿線後縮口束緊
分散減針
全體（−32針）
參照織圖
2／4段
（織入花樣）
19（38段）
47（80針）
（1針鬆緊編）
3.5／7段
手指掛線起針
（80針）起針

80   75   70   65
□＝Ⅰ 下針

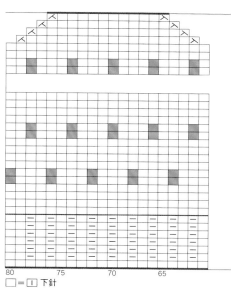

80   75   70   65
□＝Ⅰ 下針

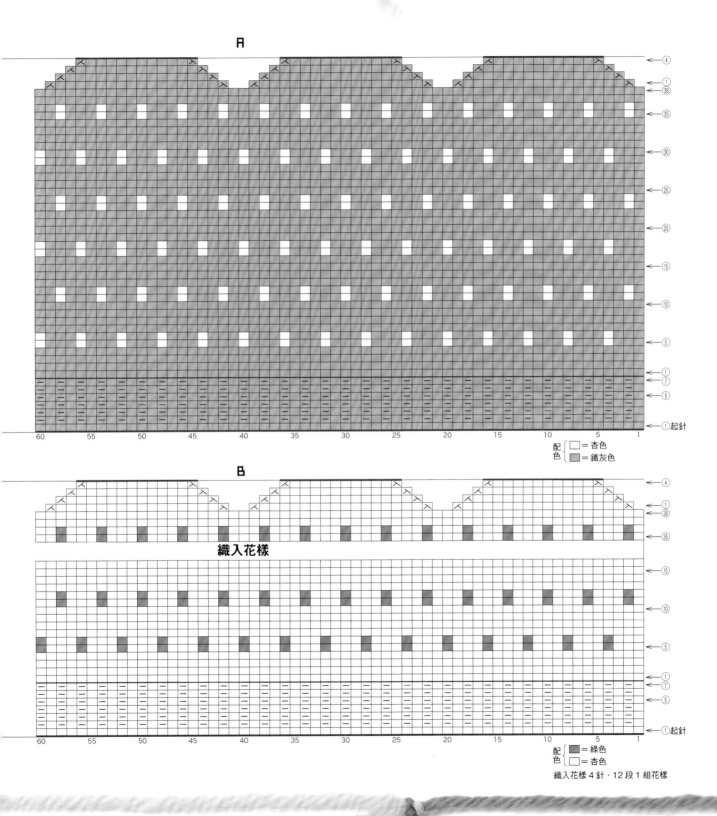

A

配色 { □ = 杏色
　　 { ▨ = 鐵灰色

B

織入花様

配色 { ▨ = 綠色
　　 { □ = 杏色

織入花様 4 針・12 段 1 組花様

28

Picture on p.97

●素材工具

A：線材…DARUMA #0.5 WOOL 灰色(2)130g／2絞
紗、茶色(3)45g／1絞紗

B：線材…藏青色(4)155g／2絞紗、原色(1)10g／1絞紗
針具…棒針10mm

●完成尺寸

寬42cm、長37cm

●密度

10cm平方的起伏針＝18針·11.5段

●織法

手指掛線起23針，依序編織起伏針、織入花樣、起伏
針。收針段是看著背面織下針的套收針。接著分別在兩
側挑29針，編織11段起伏針，最後同樣進行套收針。

將絞紗捲成線球…P.74

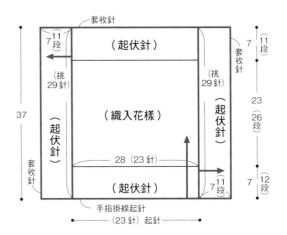

***B**的織入花樣請見 P.101

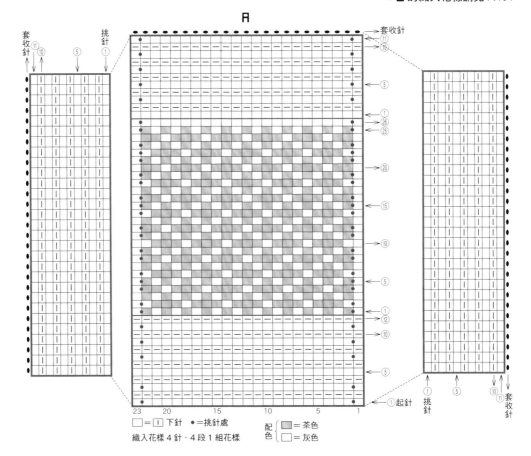

□=｜下針 ●=挑針處

織入花樣 4 針·4 段 1 組花樣

配色 {■=茶色 □=灰色}

28-A

29

Picture on p.102

●素材工具

A：線材…DARUMA　Soft Tam（手つむぎ風タ
ム系）　紅色（17）20g／1球、白色（1）15g／1
球

B：線材…灰色（10）20g／1球、黄色（15）
15g／1球

針具…棒針10號

●完成尺寸

手圍18cm、長14cm

●密度

10cm平方的織入花樣＝20針・22段

●織法

參照織圖，手指掛線起針開始編織。收針段下
針織下針套收，上針織上針套收。將兩側對齊
挑針綴縫，接合成筒狀即完成。

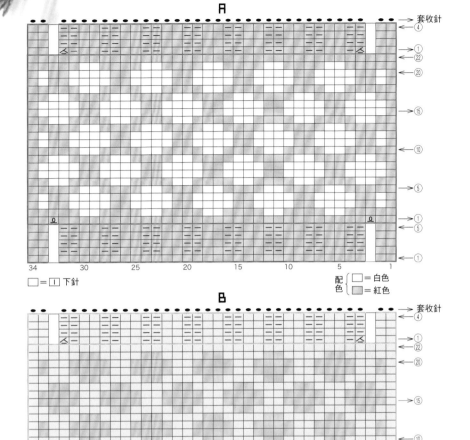

□ = １ 下針

配色 { □ = 白色　□ = 紅色 }

織入花樣６針・８段１組花樣

配色 { □ = 黃色　□ = 灰色 }

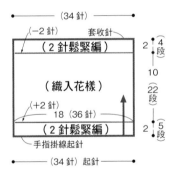

下針的扭加針

在織片中分散數處進行加針。

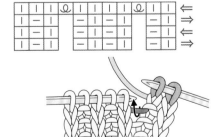

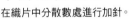

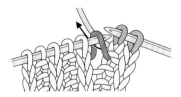

1.編織至加針位置。如圖示以右針挑起針目
之間的渡線，移至左針上。

2.右針依箭頭指示穿入，編織下針。

3.完成指定位置的加針。

➕ 關於密度

編織用語中經常出現的「密度」。看字面好像懂了卻又不太明白……這樣的人應該不少吧？所謂密度是表示針目大小的編織基準，通常是以10cm平方的織片範圍內可以織入幾針、幾段來計算。書中刊載的作品一定會標示其密度，只要照著相同的密度編織，就能完成與書中相同尺寸的織物。反過來說，當編織密度與書中作品有所差異時，尺寸也會產生誤差。編織作品，尤其是針織服飾，請務必事先製作織片，測量密度後再開始編織。

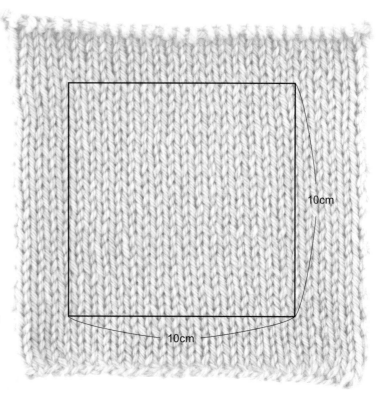

此範例是以平面針編織約15cm平方的織片。密度為17針·23段。

10cm

10cm

Process ① 取得密度

● 先來決定起針的針數吧！測量密度所需的織片最少必須有15～20平方。基本起針針數，則是編織作品密度針數的1.5～2倍左右。
● 作品為平面針時請以平面針編織，花樣編時同樣是以花樣編來編織。段數則是至少將織片織成正方形的大小為準。
● 編織完成後的線段剪成適當長度，線頭穿針，再穿入掛於棒針上的針目中。
● 接著以蒸汽熨斗熨燙，整理針目。
● 在織片上貼放直尺或捲尺，數算10cm平方內的針數·段數。

Process ② 調整密度

與刊載作品的密度比較吧！若是大致相同，即可直接開始編織。如果密度與書中不同時……

> 針數×段數較多
> 亦即針目較小（太緊）的意思。可試著改以粗1～2號的棒針再次編織看看。

> 針數×段數較少
> 亦即針目較大（太鬆）的意思。可試著改以細1～2號的棒針再次編織看看。

　編織針目不穩定的初學者，建議暫且不要更改棒針粗細，先慢慢練習編織至織片密度與刊載作品大致相同的程度。試織亦有讓手熟悉使用織線，便於拿捏鬆緊的作用。

Process ③ 編織途中也要確認密度

測量密度用的織片請不要拆開，先暫時保留吧！進行編織時，可能會在不知不覺中過於專注，導致過度用力，等到回過神時，已經與取得密度時有所不同。編織時不妨置於一旁，隨時比對確認。此外，遇到接近完成「明明就剩一點點了，織線卻不夠！」的緊要關頭時，即可拆開此織片作為備用線使用。

毛線標籤的密度
毛線標籤上也會標示建議密度，在編織原創作品時，亦可成為檢視的基準。

標準状態重量 50g·72m

標準ゲージ
8～10号　16～17目
　　　　　21～22段
8～10号　9号

販売
株式会社ダイドーインターナショナル
パピー事業部
東京都千代田区外神田3-1-16
☎03-3257-7135
http://www.puppyarn.com

➕ 毛線標籤說明

毛線球上的標籤紙，記載了關於線材的各種資訊。
請勿隨手丟棄，最好妥善保存至編織完成為止。

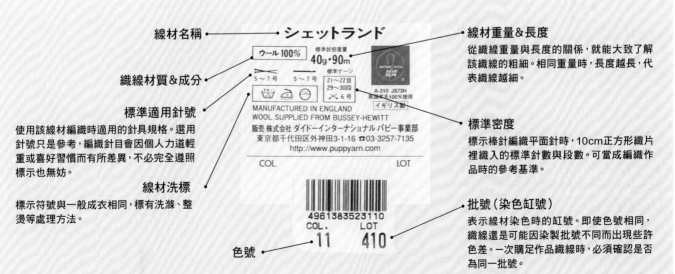

線材名稱

織線材質&成分

標準適用針號
使用該線材編織時適用的針具規格。選用
針號只是參考，編織針目會因個人力道輕
重或喜好習慣而有所差異，不必完全遵照
標示也無妨。

線材洗標
標示符號與一般成衣相同，標有洗滌、整
燙等處理方法。

色號

線材重量&長度
從織線重量與長度的關係，就能大致了解
該織線的粗細。相同重量時，長度越長，代
表織線越細。

標準密度
標示棒針編織平面針時，10cm正方形織片
裡織入的標準針數與段數。可當成編織作
品時的參考基準。

批號（染色缸號）
表示線材染色時的缸號。即使色號相同，
織線還是可能因染製批號不同而出現些許
色差。一次購足作品織線時，必須確認是否
為同一批號。

INDEX

罩衫／REAC

棒針編織基礎的教學影片！
棒針的持針手法、起針方法等，請觀賞影片進行學習吧！
http://www.tezukuritown.com/lesson/knit/basic/

● 樂・鉤織 25

初學棒針寶典 一看就懂的小物教學&全圖解基礎

作　　　者／日本 VOGUE 社
譯　　　者／彭小玲
發　行　人／詹慶和
責 任 編 輯／蔡毓玲
編　　　輯／劉蕙寧・黃璟安・陳姿伶
責 任 美 編／周盈汝
美 術 編 輯／陳麗娜・韓欣恬
出　版　者／Elegant-Boutique 新手作
發　行　者／悦智文化事業有限公司
郵政劃撥帳號／19452608
戶　　　名／悦智文化事業有限公司
地　　　址／新北市板橋區板新路 206 號 3 樓
電　　　話／（02）8952-4078
傳　　　真／（02）8952-4084
網　　　址／www.elegantbooks.com.tw
電 子 信 箱／elegantbooks@msa.hinet.net

2022 年 04 月初版一刷　定價 380 元

ICHIBAN YOKUWAKARU BOBARIAMI NO KOMONO TO
KISO(NV70456)
Copyright © NIHON VOGUE-SHA 2017
All rights reserved.
Photographer: Shigeki Nakashima, Nobuhiko Honma
Original Japanese edition published in Japan by NIHON VOGUE Corp.
Traditional Chinese translation rights arranged with NIHON VOGUE Corp.
through Keio Cultural Enterprise Co., Ltd.
Traditional Chinese edition copyright © 2022 by Elegant Books Cultural
Enterprise Co., Ltd.

經銷／易可數位行銷股份有限公司
地址／新北市新店區寶橋路 235 巷 6 弄 3 號 5 樓
電話／（02)8911-0825
傳真／（02)8911-0801

國家圖書館出版品預行編目資料

初學棒針寶典：一看就懂的小物教學&全圖解基礎
/ 日本 VOGUE 社編著；彭小玲譯 . -- 初版 . -- 新北
市：Elegant-Boutique 新手作出版：悦智文化事業
有限公司發行 , 2022.04
　　面；　公分 . -- (樂鉤織；25)
ISBN 978-957-9623-82-7(平裝)

1.CST: 編織 2.CST: 手工藝

426.4　　　　　　　　　　　　　　111001972

〔STAFF〕

書籍設計／寺山文恵
攝　　影／中島繁樹　渡辺淑克　本間信彦（步驟）
視覺呈現／絵內友美　岡部久仁子　井上輝美
造型髮妝／扇本尚幸　坂口等
模 特 兒／伊藤リリー　中山ジェニファー　アレキサンダー・リーダ

技術指導／今泉史子
編輯協力／小林美穂　善方信子　藤村啟子
責任編輯／青木久美子

〔攝影協力〕

・UTUWA
https://www.awabees.com/page/utuwa.php
・REAC（Super Voice）
http://super-voice.jp/reac/

〔素材協力〕

・Clover
https://clover.co.jp
・DARUMA
http://www.daruma-ito.co.jp/
・HAMANAKA
http://www.hamanaka.co.jp/
・Rich More
http://hamanaka.jp/brand/richmore
・DMC
https://www.dmc.com/jp/
・Puppy
http://www.puppyyarn.com/
・La droguerie 京都店&池袋店
http://www.ladroguerie.jp/
・ソウヒロ（Joint）
https://www.joint-so.com/company.php
・Triangle & Co.
https://www.facebook.com/nordictriangle
・Keito
https://www.keito-shop.com/